Hérode
Le roi architecte

后浪出版公司

鸟瞰古文明

大希律王治下犹太王国建筑

［法］让－米歇尔·罗达兹（Jean-Michel Roddaz）著

［法］让－克劳德·戈尔万（Jean-Claude Golvin）绘

郭晔　张弓 译

HÉRODE LE ROI
ARCHITECTE

光明日报出版社

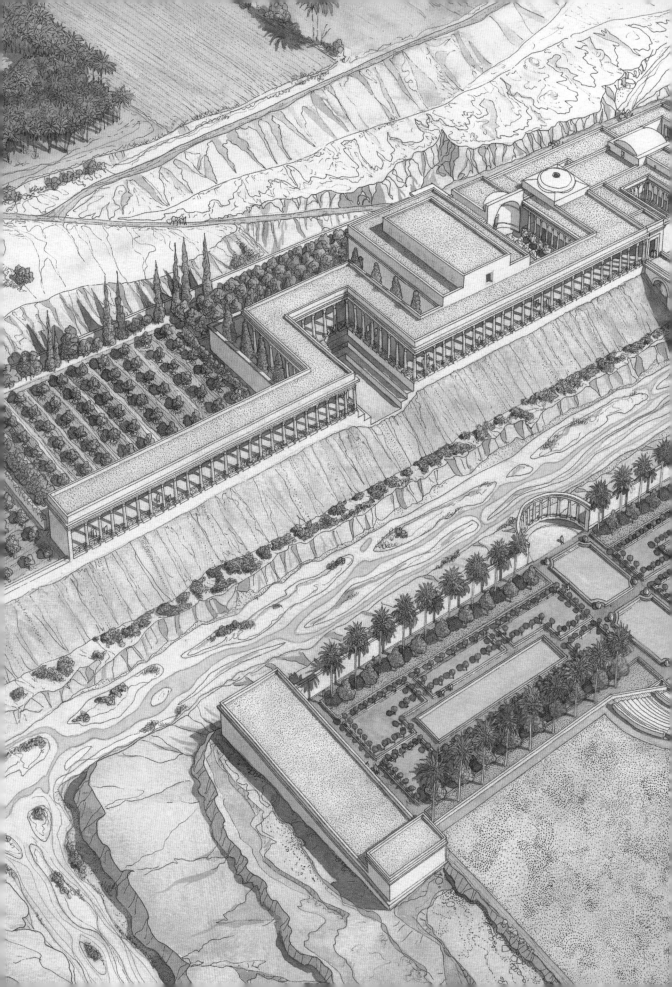

目　录

第一章
峥嵘一世：大希律王

第二章
王者气象：希律王时代建筑大观

第三章
千里同风：地中海建筑的罗马化变迁

希律见自己被博士愚弄，就大大发怒，差人将伯利恒城里并四境所有的男孩，照着他向博士仔细查问的时候，凡两岁以里的都杀尽了。这就应了先知耶利米的话……

——《马太福音》第 2 章，第 16—17 节

希律王之所以能为后世所知，多半是得益于《马太福音》中的这段情节。为了保住王位，防止弥赛亚降世后将自己取而代之，希律王派遣卫兵到伯利恒杀尽两岁以下的幼童。但约瑟事先得到天使传来的消息，于是与马利亚、耶稣出逃埃及，直到从天使处获悉希律王的死讯后，方才返回。这段叙述显属虚构之作，而且即便其写作依据是某份载有这位犹太王诸端劣行的古代史籍，文内将耶稣与摩西相附会的痕迹依然太过明显。另外，希律王的形象亦与摩西故事中的埃及法老颇为相似，据《出埃及记》所述，法老也曾下令屠杀以色列男婴。尽管如此，从中世纪直至近代，希律王在基督教艺术与图像体系中的名气却因此得以长盛不衰。

福音书塑造的形象并不能让史学家信服。希律王史有昭名，为他的时代打下了永久的烙印，若要解读他含混不清的真实面貌，史学家还应研读史料文本，并参考最新的考古成果以便对史籍加以解读。有人称他是周旋于罗马与犹太人之间的双面王；有人称他为暴君，说他大举清除异己，乃至于残害家人，祸及亲生子嗣；而其他希律王时代的见证者则盛赞他的功绩，颂扬他的忠勇。那么这位双面人的面具后，究竟隐藏着怎样的人物？为揭示希律王的真实面貌，本书从"具象事物"着眼，诠释希律王的建筑作品。他所处的时代，是一个包容奇思异想、适合放胆创新的时代，同时也是深受奥古斯都及罗马影响的时代，而希律王无疑是这个时代的主角之一。通过还原希律王的建筑，可以更好地理解这位建筑师国王作品中的伟大之处。

《对无辜者的屠杀》

丁托列托　绘

约 1583—1587

威尼斯圣洛克大会堂

（© akg-images/Cameraphoto）

千古难题

说来不免让人惊讶，拿撒勒的耶稣出生的准确日期至今仍无答案。

耶稣出生于何年尚未确定，生日则更是不得而知。将耶稣诞辰定于12月25日的传统始于3世纪，而选择此日期的目的，是建立一套宗教年历，以便与异教的狂欢节日相竞争，并将异教节日据为己用。

6世纪时，僧侣狄奥尼修斯·伊希格斯将耶稣诞辰定于12月25日：虽说史学家对此并不信服，但他们也不能给出确凿的答案，作为基督教传统节日的圣诞节于是按照这一日期举行。

主要的相关史料仍是马太、路加两位福音书作者的记载，这些史料的成书年代相对史实发生时间（1世纪末）较晚，而其中所载的时间准确与否，其实都算不上是最大的问题：文中记载含混不清，还有自相矛盾之处。两人更是在叙述基督的出世和童年时，有意和摩西或撒母耳的传说相附会。不过，马太与路加均各自独立地将基督的出生时期记为大希律王统治末年，于是可以确定为公元前4年。但路加的记载却有前后矛盾之处，因为文中又称基督诞生与奥古斯都皇帝颁布人口普查令同时，且时任叙利亚总督为居里扭。而塔西陀、弗拉维奥·约瑟夫斯等古代史学家早已对居里扭出任总督的时间做出定论，为公元6年，亦即犹太王希律死后10年。除非居里扭此前已出任过一次总督，否则这一时间偏差无法解释，然而叙利亚总督的在位年表已经得到公认，从年表来看，居里扭并未在希律王统治时期就任过总督，所以这种假设应当排除。

此外，还有其他史实可说明《路加福音》记载不准确，比如约瑟须接受人口普查登记一事，前因后果并不明朗。罗马的人口普查仅涉及罗马公民，即便真有过一次针对叙利亚的人口普查，也绝不会与拿撒勒的居民有关。拿撒勒远在加利利，公元6年时为希律·安提帕斯的藩属国领土，所以真不知约瑟为何要赶赴犹地亚的伯利恒登记，何况还要带马利亚同去。再说，这类普查是为统计各户财产，接受登记时并无出行的必要。其实，福音书作者往往采用倒推史实的方法写作，目的在于说明基督的确出生于大卫之城，如按这种写作范式解读路加的记载，一切也就较为顺理成章了。

所以，推算年份还应先着眼于希律王统治期内，亦即传统上所认定日期的几年前。施洗者约翰之母早于马利亚数月受孕，而《路加福音》称施洗者约翰生于希律王时代，另外，约翰在为基督施洗并开始传道之时，年龄为30岁上下，这一年据书中记载为提比略皇帝在位的第15年，即公元28—29年。

不过此后的年代就很难准确推断了，如今史学家普遍将基督生年定于公元前7与前4年之间。在希律王统治时期，年轻的犹太贵族曾因反对其亲近罗马的政策而遭镇压，希律王诸子也因阴谋篡位而被处决，故而《马太福音》中对屠杀男婴的记载可以视作对这些史实的模糊重现，但如此一来，耶稣生年又应推定至较早的年代。此外，福音书还称，希律王死后其子亚基老继位，随后圣家族自埃及避难返回，如考虑到这项记载，耶稣生年应当与希律王卒年相差不远。

无论如何，恐怕在之后的很长时间内，耶稣生于何年这道千古难题依然无人能解。

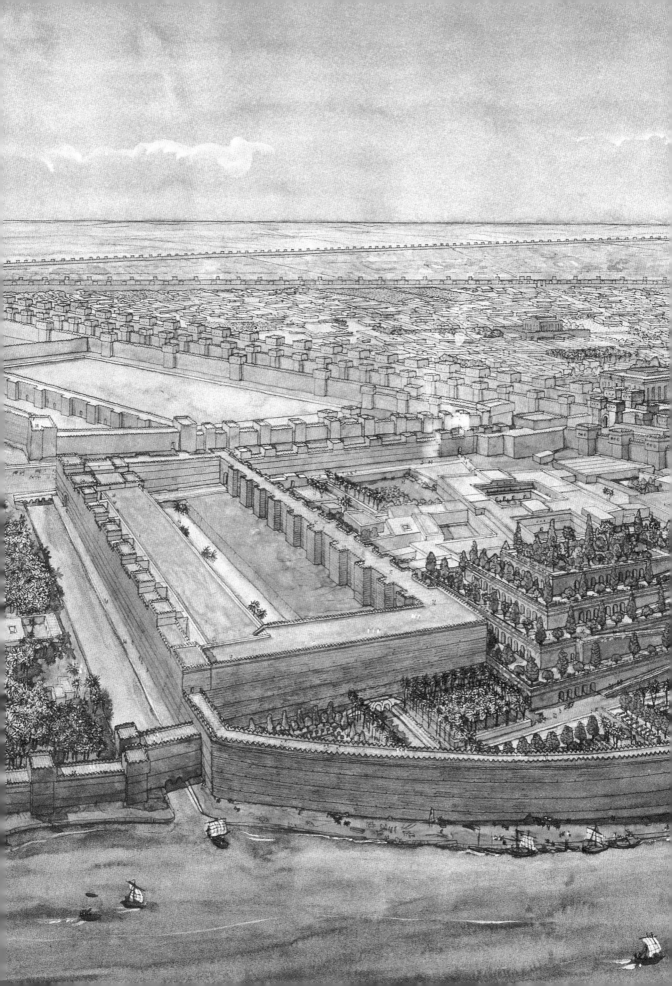

公元前753年—前63年大事年表

前753年 ▶ 罗马建城（据传统观点）。

前600年 ▶ 马赛建城。

前587年 ▶ 巴比伦国王尼布甲尼撒二世攻占耶路撒冷。希伯来人遭流放。

前559年 ▶ 居鲁士二世于波斯称王。阿契美尼德帝国成立。希伯来人获释。

前336—前323年 ▶ 亚历山大大帝在位并征战四方。前323年，亚历山大大帝死于巴比伦，帝国分裂。

前312年 ▶ 托勒密攻占叙利亚南部。

前301年 ▶ 塞琉古帝国出兵叙利亚。

前223—前187年 ▶ 安条克三世在位，史称安条克大帝。后塞琉古四世即位。

前175年 ▶ 塞琉古四世卒，其弟安条克四世继位。大祭司耶逊于耶路撒冷实行希腊化改革。

前169年 ▶ 犹太人起义。

前168年 ▶ 安条克四世所率军队洗劫耶路撒冷圣殿。颁布迫害犹太人的法令。

前165年 ▶ 哈斯蒙尼家族克复耶路撒冷。

前160年 ▶ 犹大·马加比卒。

前143年 ▶ 约拿单·马加比被杀。西门任大祭司。

前135年 ▶ 西门被杀。约翰·海尔卡努斯（海尔卡努斯一世）任大祭司。

前104—前103年 ▶ 阿里斯托布鲁斯一世任犹太王，随即病逝。前103年，亚历山大·詹内乌斯即位。

前100年 ▶ 亚历山大·詹内乌斯攻占加沙。

前76—前67年 ▶ 亚历山大·詹内乌斯之妻莎乐美摄政。

前73年 ▶ 希律王出生。

前66年 ▶ 海尔卡努斯二世遭其兄弟阿里斯托布鲁斯二世废黜。

前65—前64年 ▶ 罗马帝国设叙利亚行省。

前63年 ▶ 庞培攻占耶路撒冷。海尔卡努斯二世恢复大祭司职务。

帝国历史中的犹地亚

公元前587年，巴比伦国王尼布甲尼撒二世攻占耶路撒冷，摧毁所罗门王修建的圣殿。自此，犹太人民长期臣服于近东、中东地区相继迭兴的大帝国，先是巴比伦、波斯帝国，后是亚历山大大帝死后建立的塞琉古帝国。虽说在公元前538年，波斯阿契美尼德王朝开国君主居鲁士二世曾释放囚禁在巴比伦的部分犹太贵族，这些贵族因而得以重返故国，并在耶路撒冷圣殿周围初步重建家园，但是复兴旧邦需要循序渐进，况且在随后的近两百年间，处于支配地位的始终是留在巴比伦或分散在波斯帝国各地的犹太人。在犹地亚，犹太人主要团结在大祭司及祭司团周围，其中祭司团负责维护犹太圣经《托拉》的权威。然而当地环境较为险恶，又有以土买人、撒马利亚人等邻近敌对势力，加之犹太人未能建立起任何真正的国家组织，古老的犹太教于是摇身一变，成为犹太人民族认同和反抗压迫的象征符号。

亚历山大大帝远征并未从根本上改变事态格局，远征至多导致犹太教与一种新文化交锋对峙，这种文化更易吸引精英群体，对犹太人的民族认同更具威胁。亚历山大大帝死后，其继承人托勒密、塞琉古两方为争夺犹地亚兵戎相见，托勒密于公元前312年胜出。之后，在托勒密王朝统治的近百年间，帝国对犹地亚的政策重在税收，同时允许犹太人自由信仰犹太教，而犹太人维持独特个性的代价则是忠于新法老。大祭司须自安尼亚（Oniades）家族中选任，亦即传说中大卫王、所罗门王时期大祭司撒督的后裔。大祭司是犹太族群的世俗及精神领袖，在居于亚历山大里亚的法老面前，大祭司为犹太族群的代表。他可以依靠祭司阶层的支持，因为祭司主持圣殿事务，故而是大祭司的下属，但与此同时，大祭司也越来越需要尊重犹太公会的意见。犹太公会类似于长老院，主要由世俗长老组成，其创立时期可追溯至阿契美尼德王朝，在希腊化的政权模式中代表贵族阶层。

公元前3世纪末，塞琉古国王安条克三世经过与托勒密王朝多次交战，终于彻底攻占犹地亚一带。在交战期间曾支持安条克三世的犹地亚，于是成为塞琉古王朝的臣属。王朝中央与犹太人的关系大致良好，朝廷主要关心贡税，因而尊重犹太人的宗教独立，亦即尊重他们的宗教自由及托拉信仰。史学家弗拉维奥·约瑟夫斯的著作中，记载了朝廷谕令等多份相关史料，均说明犹太人与朝廷间的关系颇佳，君主甚至对犹太人实行过减税等各类优惠政策。

但塞琉古四世在位期间（前187—前175年），朝廷与犹太人关系恶化，尤其在安条克四世统治时期（前175—前164年），耶逊、马尼留两任朝廷钦定的大祭司倡导希腊化改革，导致当地与中央的关系急转直下。希腊化改革主要吸引了精英群体，这一群体曾在此前的"塞琉古治世"期间富裕起来，但"塞琉古治世"也扩大了当地的贫富差距。公元前169年犹地亚爆发起义，虽然旋即被镇压敉平，却为君主禁止犹太教提供了口实。部分仍然忠于教规戒律的犹太贵族实难接受禁教令，于是，哈斯蒙尼家族内一位名叫玛他提亚的祭司，率领激进正统派别的哈西德教派（虔修派），起兵反抗塞琉古王朝及其他希腊化势力联军。这场马加比起义为古代犹太史翻开新的篇章，并决定了随后历史的走向。

由于起义方撰写的史料得以流传于世，故而整个事件的始末为世人所熟知。但起义方是希腊派的敌人，因而多少有碍于对史实的解读。不过日后为基督教圣经收录[1]但被犹太教圣经排斥在外的《马加比一书》与《马加比二书》，却不同于其他史料，两书完整描绘了起义的前后过程。虽然其中的叙述十分偏向哈斯蒙尼家族的立场（尤其是《马加比一书》，成书时间为公

元前2世纪），但拥有很高的史料价值，是还原相关史实不可或缺的参考文献。

马加比起义

塞琉古王朝君主塞琉古四世遇刺身亡后，继任者安条克四世将大祭司的职位授予约书亚（史上多称耶逊），而将前任大祭司、耶逊的兄弟安尼阿三世罢免。作为交换条件，耶逊支付了一笔贡金。耶逊提出了一系列改革措施，《马加比二书》有载，但书中对改革的规模有所夸大。书中称，耶逊意欲对犹太体制发动彻底变革，甚至要简单粗暴地废除犹太律法，其实这些改革主要涉及生活习俗问题，如开设体育场（gymnase），旨在靠近希腊生活习惯，至于政治、宗教则并非改革重点，何况这些改革也的的确确有所成就，甚至得到部分犹太贵族的拥护。由于托拉律法太过严苛的缘故，这些受到束缚的贵族也有意从这种文化孤立状态中解脱出来。

事情却并未就此告一段落。三年后，安尼阿的姻亲马尼留通过贿赂塞琉古国王，得以取代耶逊出任大祭司。单从马尼留的名字，就能看出他的希腊情结，他可能代表了希腊化潮流中最激进的一派，亦即主张抛弃一切犹太习俗。尽管如此，最后还是因马尼留横征暴敛的行为才引发了骚乱，安条克四世发兵平叛，并于公元前169—前168年在犹地亚引发了一场实实在在的大迫害。圣殿被王家军队洗劫一空，对奥林波斯山宙斯的崇拜也被引入，并且在公元前168年，朝廷颁布了一道不折不扣的迫害敕令——禁止一切犹太教活动，这些措施引发了人民的抵抗。确实，虽说长久以来民众对种种冲突似乎并不措意，但通过这次迫害，反倒展现出传统犹太教的刚健及民众对托拉的坚定支持。抵抗运动主要由祭司马加比家族所主导，该家族又称哈斯蒙尼家族，曾遭到迫害。公元前166年，马加比家族的族长玛他提亚去世，他的5个儿子接过重任，组织起义，并集合了一支6000人的军队。

正是这5个儿子最终战胜了塞琉古王朝。当时，塞琉古正处于安条克四世死后的继承混战中，更由于东部领土沦丧、帕提亚帝国西进而无暇他顾。起义形势几经逆转，时而和谈，时而重启战端，最终起义队伍中最顽固的激进派占了上风。马加比家族最终赢得了人民的拥戴，并掌握了一支兵力强大、纪律严明

约拿单时代的犹地亚

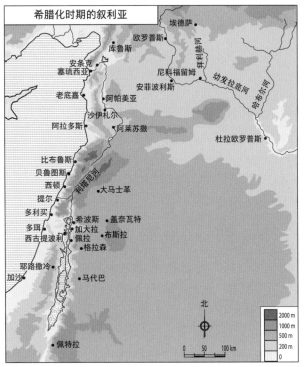

希腊化时代的叙利亚

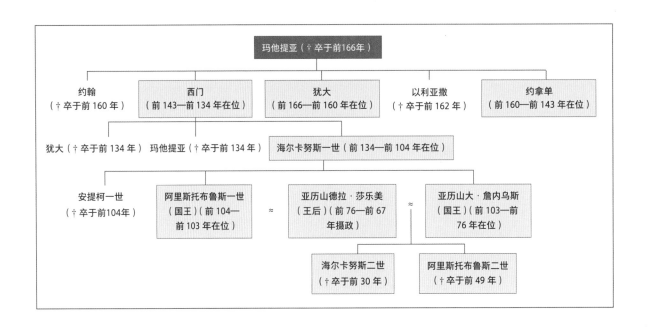

庞培头像
（前 106 年—前 48 年）
哥本哈根新嘉士伯博物馆
（版权所有）

犹太公会

犹太公会的希腊文为"sunedrion"，意为"集会"，即立法议会及最高法庭，这种组织形式可以追溯到公元前 2 世纪。犹太公会包含 70 位公会成员及大祭司，共分 3 等：首先是祭司长官，由 24 个负责庙宇相关事务的家族领袖组成；其次是文士或律法师，又称作拉比，从撒都该人中选出，负责解释圣经；最后是百姓中的长老，代表 12 个支派中众家族的利益。

《马加比书》

《马加比一书》与《马加比二书》并不包含于犹太圣经之内，它们属于次经，即在公元 4 世纪才被收入基督教圣经里的著作。这两本书并无前后联系，而且《马加比二书》的成书时间早于《马加比一书》，作于公元前 124—前 110 年。《马加比二书》其实是另一本著作的概括，由一位名为"古利奈的耶逊"的犹太人用希腊文写成，内容更为丰富。我们对古利奈的耶逊知之甚少，但他可能亲身经历过书中叙述的事件，包括公元前 175—前 161/160 年马加比家族起义的原因、斗争的波折，乃至犹大·马加比之死。犹大·马加比是耶逊书中的核心人物，是光复耶路撒冷、解救圣殿的英雄。虽说《马加比二书》主要是一本政治宣传作品，旨在颂扬玛他提亚诸子的功绩，但对史家而言仍然非常珍贵，因为该书能让我们充分了解危机产生之时的政治局势，以及社会、文化背景。

而《马加比一书》写于公元前 2 世纪末期，成书时间晚于《马加比二书》几十年。此书是希腊文翻译版，原作由一位不知姓名的犹太人用希伯来文写成，以编年史的形式记录了从公元前 175 年安条克四世即位至公元前 135 年海尔卡努斯一世掌权期间的事件。总的来说，这部著作对马加比家族的行为称赞有加，着力突出该家族在起义中的影响，并为其行动辩护，其中，甚至包括马加比家族针对犹太人内部敌对势力所采取的行动。对史学家弗拉维奥·约瑟夫斯而言，书中所记事件是重要的史料。不足之处在于此书也带有宣传色彩，具有反希腊文化的本质。撇开立场问题不谈，此书仍有实实在在的历史价值，对进一步了解哈斯蒙尼家族的所作所为以及他们在宗教层面的立场，不失为有用的知识扩充材料。

教派一词指的是政治团体、宗教运动或哲学流派，它们在对律法的解读上互相对立。在亚历山德拉·莎乐美统治时期，法利赛人加入统治阶层，并占据了犹太公会：

"确实，在犹太人中，有三个哲学流派：第一个流派的信徒是法利赛人；第二个流派的信徒是撒都该人；第三个流派的信徒是自视为圣洁性的践行者，自称艾赛尼人，亦为犹太血统。与其他流派的信徒相比，艾赛尼人相互间的感情更亲密，并认为享乐是一种罪恶，而道德是建立在节制欲望、抵御激情之上的。艾赛尼人鄙夷婚姻，却收养他人的子女，他们往往收养年幼、思想尚不成熟的儿童，以便于对其灌输一些教导。艾赛尼人把养子女视作自己的后代，对他们传递自己的道德习俗。这并不是因为艾赛尼人谴责婚姻及繁衍本身，而是他们忌惮女性的放荡，坚信世上没有任何一个女性能只忠于一个男人。"

——弗拉维奥·约瑟夫斯《犹太战史》，第 2 卷，119—121 节

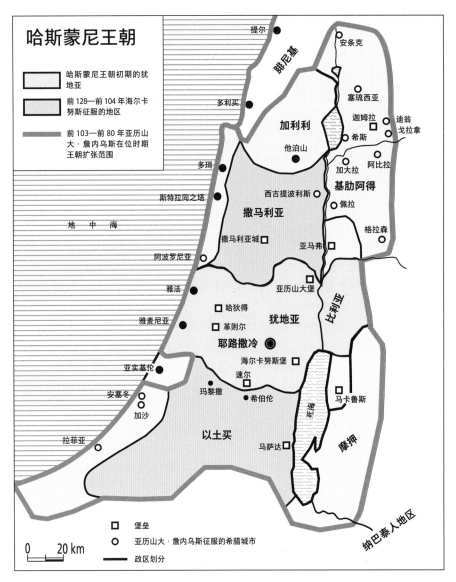

哈斯蒙尼王朝

撒马利亚：富裕的农业地区。撒马利亚人原本是以色列人，但公元前 6 世纪与犹地亚的犹太人分裂。海尔卡努斯一世征服了撒马利亚人，并摧毁了撒马利亚的圣所。

加利利：同为土壤肥沃之地。公元前 2 世纪末期，该地被阿里斯托布鲁斯一世征服并殖民。耶稣的父亲约瑟，可能是从犹地亚迁居此地的犹太人之一。

以土买：被海尔卡努斯一世所征服后，该地强制推行犹太化。希律王的家庭就属于犹太化了的以土买人。

的军队，如此，该家族便拥有了决定权。公元前152年，塞琉古朝廷中一位王位竞争者由于需要玛他提亚之子约拿单的支持，因而将约拿单任命为大祭司，塞琉古王朝虽名义上保留了对犹地亚的完整主权，然而马加比家族在当地的权威却获得了合法地位。马加比家族获得权力，标志着一个慢慢脱离安条克控制的犹太国家悄然出现。

哈斯蒙尼家族的扩张

于是，玛他提亚诸子继承了他领导的抗争运动，并多有斩获。其中犹大攻占了耶路撒冷，后死于战场；他的兄弟中，约拿单（前160—前143年）取得大祭司之位，西门（前142—前134年）建立了名副其实的军人神权政治，兼任大祭司及军队指挥官，并渐渐脱离塞琉古王朝的控制，获得事实独立。可能正是为了回应这种形势变化，并防止哈斯蒙尼家族扩张，安条克的君主差人刺杀了西门，但这也无法阻止哈斯蒙尼家族在之后七八十年的扩张趋势。

很快，这个犹太民族国家已经不满足于在应许之地上复国，开始公开展现自己的扩张野心，意欲侵占加利利人、以土利亚人、撒马利亚人或希腊殖民者等邻人的领地。哈斯蒙尼家族自认是大卫和所罗门的继承者，他们以重建王国为目标，并将先知的预言作为各类行动的法理依据。哈斯蒙尼家族推行帝国主义的另一个原因是在加利利和外约旦地区也居住着犹太人。在不到一个世纪的时间里，哈斯蒙尼家族成功重建了以色列王国，领土直至腓尼基疆界，包含了外约旦及以土利亚大部地区。这个新王国主要由犹太人组成，但国民中也不乏少数民族，历任君主都致力于将这些少数民族犹太化，而被犹太定居村落包围的希腊沿海城邦尤其如此。此外，在以土买大部分地区，许多贵族都要在皈依犹太教和迁居他地中做出选择，一些贵族便选择了后者，大多去了埃及。

犹太人的帝国主义在海尔卡努斯一世治下达到鼎盛时期。海尔卡努斯一世是西门之子，公元前134—前104年在位，其间他征服了外约旦（前128年）、以土买（前125年）及撒马利亚（前118年）。海尔卡努斯一世的扩张政策得到了罗马的支持，因为罗马主要想通过他削弱塞琉古帝国，而塞琉古一直难以接受哈斯蒙尼家族事实上的独立，并在公元前131年报复

性地占领了耶路撒冷，强制征用哈斯蒙尼家族的军队。虽然，哈斯蒙尼家族的扩张往往受阻，但仍在断断续续地推进。扩张的同时，哈斯蒙尼家族也大力推行犹太化政策，比如强制皈依犹太教、征服外族后拆毁其圣域等。基利心山上撒马利亚人的圣域，就因可能与耶路撒冷圣殿分庭抗礼而遭摧毁。

海尔卡努斯一世之子阿里斯托布鲁斯一世在位时间很短（前104—前103年），他征服了加利利并称王，这就相当于与塞琉古王朝彻底决裂。之后其兄弟亚历山大·詹内乌斯在位期间（前103—前76年）虽然屡经波折，但依然得以继续巩固王国的统治。此外，在亚历山大·詹内乌斯统治期间，希腊化影响再次回归，于是在最传统的犹太人以及最忠于犹太律法的群体之中，立刻出现了强烈反响。正是在此之时，即公元前1世纪初，出现了法利赛与撒都该等复古的犹太宗派，但很快，他们内部也随着艾赛尼派的出现而分化，形成一批既是政治党派又参与宗教运动的团体，在阐释犹太律法、如何回应掌权者背离大卫及所罗门道路等问题上，他们怀有分歧、相互对抗。确实，当时的情况说来也怪，虽然哈斯蒙尼王朝的君主致力于将新近征服的外族犹太化，但这个新兴犹太国家却越来越与各个希腊化的邻国相似。国王及近侍受希腊宫廷的影响，排场奢华，明争暗斗，女性也在其中起了不可忽视的作用。亚历山大·詹内乌斯的王位继承问题就是最好的例证：在他去世后，权力本该由其两子海尔卡努斯二世、阿里斯托布鲁斯二世中的一人继承，两人也都到了可以统治王国的年龄，可最终却是他的遗孀亚历山德拉·莎乐美以女王的身份继承了王位，如此安排，史无先例。然而，莎乐美这段统治（前76—前67年）只不过是兄弟二人相争的缓和期。在对权力的争夺中，二人都试图寻找盟友，而当时的塞琉古已经威望不再、国力衰弱，因此无力介入，最终是由罗马裁决了两人间的纷争。

哈斯蒙尼家族的衰落

亚历山大·詹内乌斯去世后，哈斯蒙尼王朝的疆域又缩至所罗门时期的大小，并且在东方希腊化世界，哈斯蒙尼王朝治下的犹太王国以希腊化国家自居。哈斯蒙尼家族懂得如何平衡希腊文化和犹太文化，并能够将部分人认为相互对立的传统同化。哈斯蒙尼君主

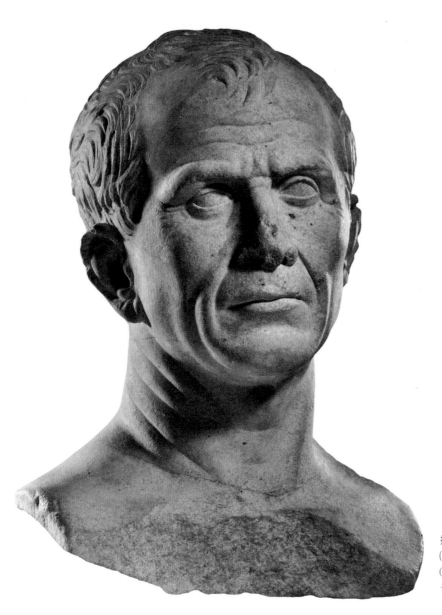

据推断为尤利乌斯·恺撒
（公元前 100—前 44）的雕像
（© Rémi Bénali / 阿尔勒省古
代博物馆）

财力雄厚，其财富一方面源于王权财政收入，另一方面则依靠对圣殿收入及国家收入的控制。如此一来，君主就可在耶路撒冷及其他地方兴办市政建设工程，同时组建军队，保卫国土，建立威震四方的强国。然而，由于王室内部斗争，哈斯蒙尼王朝在20多年后即告灭亡。

亚历山德拉·莎乐美于公元前67年去世，之后两子之间的王位争夺战再启。长子海尔卡努斯二世上位才几个月，就遭兄弟阿里斯托布鲁斯二世所否认、废黜，于是他只能去寻求纳巴泰阿拉伯人的帮助。当时，庞培征服了米特里达梯所统治的王国，塞琉古帝国末任君主安条克十三世因无力掌控实权、难以平定国内盗匪而遭罢黜。公元前63年庞培来到叙利亚时，不得不面对三个互相敌对的犹太使团：哈斯蒙尼兄弟二人各自的使团，以及犹太民众的使团——那些不支持兄弟二人任何一方的法利赛人。

作为罗马掌权者的庞培，从公元前65年起就向耶路撒冷派去一位名为埃米里乌斯·司考路斯的部将，试图解决兄弟二人的冲突。司考路斯最初选择支持阿里斯托布鲁斯，但庞培经过长期犹豫后，最终选择了海尔卡努斯。之后，庞培放弃远征纳巴泰，在公元前63年，转而攻占了由阿里斯托布鲁斯及其最极端拥护者控制的耶路撒冷。庞培屠杀了近12000名犹太人，并洗劫了圣殿。耶路撒冷被攻占后，城墙也遭到摧毁。

这次危机大大削弱了哈斯蒙尼家族的权力。阿里斯托布鲁斯被捕，其势力也一度遭到压制；海尔卡努斯虽说被确立为大祭司，但同时也被剥夺了国王头衔，从今往后将从属于叙利亚总督，亦即建立在原塞琉古帝国部分领土上的罗马叙利亚行省行政长官。尽管如此，海尔卡努斯对具有犹太身份认同的整个犹太族群仍然保有权威。从此，哈斯蒙尼王国成为罗马的朝贡国，附属于叙利亚行省，其疆域也有所缩减。叙利亚行省除哈斯蒙尼国外，还兼并了海边的几个希腊城邦，如加沙、雅法、斯特拉同之塔。此时，哈斯蒙尼国的疆域以犹地亚、撒马利亚、加利利及以土买为限。犹太国的独立身份自此结束。庞培开始建立藩属国体系，并被他的继承者恺

撒、安东尼及奥古斯都所保留。另外，海尔卡努斯作为大祭司的权力也受到质疑，因为家族另一分支的阿里斯托布鲁斯及其子，趁着罗马放松管制及罗马共和国末期的权力内斗，想要取代海尔卡努斯的大祭司之位。

在这场起自王室家族内部、将使哈斯蒙尼国在20年内消失的冲突中，海尔卡努斯得到了安提帕特的支持。安提帕特是亚历山大·詹内乌斯及亚历山德拉·莎乐美的近臣，当时被授权管辖以土买地区，并在当地迅速成为政治强人。因安提帕特之妻为纳巴泰公主，他也因此获得纳巴泰君主亚哩达的支持。同时，因为刚刚确立对东方国家的统治地位，此时各个罗马将领当然对犹地亚事务兴趣颇深，而安提帕特也成功获得了他们的信任。公元前55年春，加比尼乌斯为将埃及艳后克里奥帕特拉之父托勒密十二世送上王位赶往埃及，路上须平定阿里斯托布鲁斯长子亚历山大的叛乱。在此之际，安提帕特向加比尼乌斯伸出了援手。另外，公元前53年卡莱之战中克拉苏失利后，帕提亚人进攻叙利亚，随后安提帕特襄助从卡莱战役中生还的卡西乌斯保卫叙利亚。此外，安提帕特还镇压了一场由哈斯蒙尼家族首领及支持者发动的起义。最后，当恺撒在亚历山大里亚作战时，也获得了安提帕特的援助。

虽说恺撒于公元前44年被刺杀，但各方势力平衡并未改变。当时，参与刺杀恺撒的卡西乌斯负责东方事务，安提帕特则一直受其眷顾，而且两人的交情已有10年之久。然而，随着罗马内战重启，犹地亚处在无法控制的旋涡之中，并且由于帕提亚人想趁势西进，犹地亚更是很快成为进攻目标。

哈斯蒙尼家族内部的冲突即在此背景下发生，但形势较之前有所变化。海尔卡努斯的威名已成过往，地位尽失，同时敌对阵营也因失去两位主要领导者而衰落：一位是阿里斯托布鲁斯二世，被恺撒释放后遭人毒杀，另一位是他的长子亚历山大，也刚被谋杀。虽说还有小儿子安提柯在世，但如今已是安提帕特家族大权在握，他们迫不及待地想要取代马加比家族后代的地位。

15

第一章

峥嵘一世：大希律王

公元前63—前4年大事年表

前 63 年 ▶ 庞培攻占耶路撒冷。海尔卡努斯任大祭司兼领主（ethnarque）。拆除耶路撒冷城墙。

前 60 年 ▶ 恺撒、克拉苏、庞培组成前三头同盟。

前 59 年 ▶ 恺撒任执政官。

前 57—前 55 年 ▶ 加比尼乌斯任叙利亚总督。阿里斯托布鲁斯二世及其诸子叛乱。

前 53 年 ▶ 克拉苏兵败卡莱，帕提亚人入侵叙利亚。

前 49 年 ▶ 庞培与恺撒之间爆发内战。阿里斯托布鲁斯之子亚历山大遭处决。

前 48 年 ▶ 法萨卢斯战役。庞培兵败身亡。恺撒出兵埃及。

前 47 年 ▶ 安提帕特获罗马公民身份及"行政官"（épitropos）头衔。希律获授加利利将军，之后调任柯里叙利亚将军。海尔卡努斯任犹太人领主。

前 44 年 ▶ 恺撒遇刺身亡。

前 43 年 ▶ 罗马后三头同盟建立。马克·安东尼、雷必达、屋大维为复兴共和国获授特殊权力。安提帕特卒。卡西乌斯任叙利亚总督。

前 42 年（10 月）▶ 后三头同盟势力于腓立比击败共和派。布鲁图斯与卡西乌斯卒。安东尼成为东方之主。

前 41 年 ▶ 希律和法撒勒获授分封王（tétrarque）称号。帕提亚人入侵叙利亚。希律休去首任妻子多丽，多丽与希律育有一子，史称安提帕特三世。

前 40 年 ▶ 阿里斯托布鲁斯二世占领耶路撒冷。法撒勒卒。希律赴罗马避难，元老院封希律为犹太王。

前 39 年 ▶ 希律王于多利买登陆。

前 38 年 ▶ 帕提亚人在叙利亚战败。

前 37 年 ▶ 希律王与马克·安东尼的部将索西乌斯占领耶路撒冷。阿里斯托布鲁斯二世遭处决。希律王娶米利暗为妻。

前 36 年 ▶ 安东尼远征帕提亚。

前 35 年 ▶ 阿里斯托布鲁斯三世被杀。

前 35—前 34 年 ▶ 安东尼击败亚美尼亚，重新划分东方领土，其子女及克里奥帕特拉分得大量封地（史称"亚历山大里亚献土"）。

前 32—前 31 年 ▶ 希律王与纳巴泰人交战。犹地亚地震。

前 31 年（9 月 2 日）▶ 亚克兴战役。安东尼与克里奥帕特拉战败。

前 30 年 ▶ 希律王赴罗德岛觐见屋大维。希律王现有权力得到承认，并获更多领土。海尔卡努斯二世遭处决。

前 29 年 ▶ 希律王第二任妻子米利暗遭处决。

前 28 年 ▶ 米利暗之母亚历山德拉遭处决。

前 27 年 ▶ 屋大维获奥古斯都称号。希律王迎娶玛提丝。

前 25 年 ▶ 希律王迎娶耶路撒冷的克里奥帕特拉。

前 25—前 24 年 ▶ 埃利乌斯·伽路斯远征阿拉伯及也门。

前 24 年 ▶ 希律王与米利暗二世成婚。

前 23 年 ▶ 希律王开拓疆土。

前 23—前 22 年 ▶ 犹地亚饥荒。阿格里帕初次受遣赴东方。希律王赴莱斯沃斯岛上的米蒂利尼拜见阿格里帕。

前 20 年 ▶ 奥古斯都巡视叙利亚。希律王再次扩大领土。

前 17 年 ▶ 希律王赴罗马。

前 15 年 ▶ 阿格里帕出访犹地亚。罗马设立贝鲁图斯殖民地。

前 14 年 ▶ 希律王赴博斯普鲁斯拜会阿格里帕，主张维护犹太族群事业。阿格里帕返回罗马前，希律王将自己的孙子托付给阿格里帕。

前 12 年 ▶ 阿格里帕卒。米利暗所生的阿里斯托布鲁斯和亚历山大二人，在奥古斯都处被指谋叛。凯撒利亚港落成。

前 11 年 ▶ 新圣殿落成。

前 9 年 ▶ 希律王与纳巴泰人交战。大马士革的尼库拉乌斯出使罗马，为希律王申辩。纳巴泰人西拉依奥斯因阴谋暗害希律王被处死。

前 7 年 ▶ 米利暗所生两子被处决。

前 7 / 前 6 年 ▶ 据推测耶稣于是年诞生。

前 4 年 ▶ 圣殿金鹰事件。安提帕特三世被处死，希律王卒。王国一分为三，由希律王三个儿子继承。其中亚基老分得犹地亚，任领主；希律·安提帕斯分得加利利与比利亚，任分封王；另一位分封王腓力，继承戈兰、巴珊、浩兰、特拉可尼等地。

相关史料

大马士革的尼库拉乌斯对希律王的记载主要集中在《世界史》及《自传》两书中，弗拉维奥·约瑟夫斯也经常参考这两本著作。在古代史料中，两位史学家的作品为后世了解希律王及其统治提供了最佳信息。但我们也可以从其他古代学者的著作中获悉一些细节、影射、逸事，如塔西陀的史学著作、苏维托尼乌斯的传记，或是卡西乌斯·狄奥在公元3世纪初用希腊文写成的罗马史。至于细节史实，一些时人记录的见闻颇有价值，比如与奥古斯都和提比略同时代的史学家、地理学家斯特拉波的作品，另外亚历山大里亚的斐洛尤其值得关注，他在卡利古拉面前，提到了在元首制创始者奥古斯都治下，犹太人曾得益于哪些善政。反观福音书，则如上文所述，其中时间往往错乱，难以明辨。

说来反常，犹太著作很少提及希律王，比如对研究犹太史十分重要的死海古卷（即库姆兰手稿），其内容也并未直接涉及希律王，而《巴比伦塔木德》虽然并非直接取材自约瑟夫斯的著作，却与他的记载高度吻合，这一点至少证明约瑟夫斯对犹太人的民间传统十分熟稔。

不过，最有助于增进对希律王统治时期认识的史料，却是对希律王在犹地亚及以土买修建的堡垒、宫殿所遗留废墟中的考古发现。在马萨达、耶利哥，乃至希律堡，希律王及其王廷成员遵照犹太纯洁性教规生活起居的形态逐渐浮出水面。

大马士革的尼库拉乌斯

大马士革的尼库拉乌斯大约与奥古斯都同岁，约生于公元前64—前63年。60年后，公元前4年希律王去世时，尼库拉乌斯依然在世，因为我们知道当时为解决王位继承问题而出使罗马的使团中，尼库拉乌斯也在列。此次出使，也是他最后一次担任罗马和犹地亚之间的调和者，在希律王尚且在世的儿子中，他选择维护长子亚基老的利益。因此，尼库拉乌斯既是事件的参与者，又是事件的讲述人。

尼库拉乌斯生于大马士革一个贵族家庭，父亲名为安提帕特，在大马士革城邦担任要职。与同时代的大学者一样，尼库拉乌斯接受的是折中主义教育，即将希腊修辞、音乐、数学及哲学教育融合在一起。我们无从得知尼库拉乌斯是否有希腊人的血统，但他接受的文化肯定是希腊式的，同当时许多人一样，属于一个多元包容的共同文化体系。从这种文化体系中，也可以清晰地看出当时地中海世界的变化趋势与适应罗马秩序的过程。

尼库拉乌斯的哲学及历史著作非常丰富，但只有少量著作残存。其中历史部分可能保存最为完整，特别是对屋大维青年恺撒时期的传记保存良好。尼库拉乌斯在著作中对这位罗马新主人赞不绝口，以至后世的史学研究（不仅仅是犹太史学研究）往往认为尼库拉乌斯不过是个罗马宫廷的奴才。这当然有失公允。尼库拉乌斯最重要的著作是《世界史》，讲述了从米底王国与亚述王国开始的世界历史，但这本144卷的大部头著作如今只剩部分残卷。另一本是尼库拉乌斯自传，书中内容也多有散佚，此书据推测是他本人所作，事实也可能并非如此。因此，对这位希律王时代在政治、外交方面承担了重要角色的逍遥学派哲学家，我们知之甚少。

一份晚出史料显示，尼库拉乌斯曾为安东尼及克里奥帕特拉所生的孩子担任教师。两个孩子分别叫作亚历山大·赫利俄斯及克里奥帕特拉·塞勒涅，于公元前40年生于亚历山大里亚。然而，我们无法得知尼库拉乌斯在哪个时期担任两人教师，可能是公元前1世纪30年代在埃及女王宫廷中，或是王后去世后在罗马任教。据目前已知史料记载，这两个孩子成长于罗马宫廷，由安东尼的罗马籍前妻屋大维娅照顾。同样，我们也无从得知尼库拉乌斯是何时开始为希律王效力的。他的兄弟托勒密斯倒是很早就与犹地亚国王关系密切，由此可推测，是托勒密斯把尼库拉乌斯引荐给希律王，但很难知晓确切时间：可能是在公元前1世纪20年代，尼库拉乌斯陪同奥古斯都去亚洲途中与希律王在加大拉相遇之时；或是更晚些，在公元前19—前16年，希律王去罗马看望两个儿子，亚历山大、阿里斯托布鲁斯，并把他们带回犹地亚之时。从公元前14年开始，基于尼库拉乌斯的《自传》与弗拉维奥·约瑟夫斯的叙述（该叙述可能大量取材于《自传》），我们得以对尼库拉乌斯的履历更加了解。当年，希律王赴莱斯沃斯岛会见友人阿格里帕，尼库拉乌斯也随驾同行，并两次展现了自己的外交天赋及口才。第一次是伊利昂人请求希律王向阿格里帕求情。此前，由于当地居民疏忽，奥古斯都之女、阿格里帕之妻茱莉亚曾在伊利昂发生了一场事故，于是阿格里帕向当地人索赔。最终尼库拉乌斯成功说服阿格里帕，将这项赔偿一笔勾销。第二次是之后不久，希律王再次派尼库拉乌斯去劝说阿格里帕，以便让伊奥尼亚的犹太人能够继续在当地希腊城邦中享有信仰自由，以及对犹太族群的优待政策。从那时起，尼库拉乌斯便长年伴在这位犹地亚国王左右，作为顾问规劝国王，并出使外邦，执行一些艰难的任务，同时在罗马皇帝面前任希律王的担保人。公元前 12 年，尼库拉乌斯陪同希律王远赴罗马，调解希律王与米利暗所生两子亚历山大、阿里斯托布鲁斯间的矛盾。公元前 9 年，由于希律王对纳巴泰王国出兵，面临被废黜的威胁，尼库拉乌斯便到奥古斯都处为希律王说情。尼库拉乌斯更是从始至终参与了希律王的家庭悲剧：他试图让希律王与诸子和解，但终究徒劳无功，希律王的几个儿子惨遭处决。首先是公元前 7 年，希律王与米利暗所生的子嗣被杀，之后是公元前 4 年，即希律王死前不久，与尼库拉乌斯关系不佳的安提帕特被杀。最后，正是由于尼库拉乌斯介入，希律王在世儿子中的长子亚基老才得以成为主要继承人。关于此后尼库拉乌斯的去向，我们不得而知，他可能按照逍遥学派的传统，将生命的最后时间用于写作。他很可能卜居罗马，成为奥古斯都的亲信及挚友，以至奥古斯都用他的名字命名了自己最爱的一种椰枣。正是在生命的最后几年，尼库拉乌斯完成了《自传》，此书和同类型的著作一样，是为了向罗马贵族，特别是向奥古斯都及后人，对自己辅佐希律王期间的所作所为做出合理交代。

不到 100 年后，弗拉维奥·约瑟夫斯也需要对其平生的经历进行自我陈述，虽然现代的批评家对此众说纷纭，但可以认为弗拉维奥借鉴了尼库拉乌斯《自传》中的许多内容——除非尼库拉乌斯在晚年曾补写过他的《世界史》，将希律王统治末期的史实囊括在内，而约瑟夫斯又曾参阅过这一新版《世界史》的内容。后一种假设如果成立，则可以部分解释约瑟夫斯对希律王形象的描绘：活力四射、能力超群，却最终毁于激情，陷入偏执妄想和精神疯癫之中；好在有一位大臣竭力劝阻，让国王避免冲动，做出越轨之举，并多次挽救希律王于危难之际。同样我们也可理解，像尼库拉乌斯这样一位宫廷事务的近距离观察者，难免会不由自主地将奥古斯都死后家中的继位纷争投射到对希律王生活的描述中去。

弗拉维奥·约瑟夫斯

弗拉维奥·约瑟夫斯（希伯来文原名为约瑟夫·本·玛他提亚）于公元 37 年出生于一个犹太祭司家庭，并在犹地亚度过了童年及青少年时期。26 岁时，他初游罗马，被帝国的强大所震撼。然而，当公元 66 年犹太人起义反对罗马的统治时，约瑟夫斯站在了犹太起义者一方，甚至一度成为义军首领之一。后来，犹太起义军被包围在加利利尤塔帕塔的一座堡垒中，约瑟夫斯于是向当时领导犹地亚战争的罗马将军韦帕芗投降，而未像其他同胞一样选择杀身成仁。自此，弗拉维奥开始为罗马效劳，他嗅觉灵敏，对帝国的未来做出了准确的预言。但也自那时起，他被视作犹太人的叛徒。

约瑟夫斯很快就获得了他反戈投诚的奖赏。他支持的韦帕芗在公元 70 年掌权后，授予他罗马公民的身份，并为他改名为提图斯·弗拉维奥·约瑟夫斯。同年，他跟随着提图斯·韦帕芗包围了耶路撒冷，圣殿在这次围城中被火灾所毁。之后，约瑟夫斯回到罗马，开始记录自己所经历的历史事件。对他而言，记录历史是为了帮罗马统治者辩护，同时证明自己的"叛国"行为是合情合理的。

《犹太战史》（缩写为"BJ"）即是为此目的而作。该著作成书于韦帕芗在位期间，用阿拉米语及希腊语写成，共 7 卷，讲述了犹太人与罗马人之间的战争。书中作者自称坚持法利赛人的温和态度，与犹太起义军中最极端的一派对抗，试图以此来解释自己为何选择投靠罗马征服者，同时着力论证起义从一开始就注定失败。20 年后，弗拉维奥·约瑟夫斯又写了另一部 20 卷的著作《犹太古史》（缩写为"AJ"）。该书用希腊语书写，讲述了从古时直到公元 66 年大起义期间的全部犹太历史。写作目的是赞颂犹太民族的伟大，同时证明犹太人融入罗马世界并不意味着与其光辉历史的决裂。在《反阿比昂》（Contre Apion）等较晚成书的作品中，约瑟夫斯也歌颂了犹太民族，并且在他生命最后阶段所写的《自传》中，可能曾再次为自己的政治生涯辩护。然而，因为这本《自传》未能流传至今，对他的为人，我们也无从了解更多信息。

约瑟夫斯前两本著作对希律王的统治论述最多，但调性有所不同。正是由于这些著作，约瑟夫斯成为这段统治时期的关键证人。可以肯定的是，幸亏有他的记载，我们才得以对许多考古发现加以解读分析，否则希律王时期的建筑作品如今定将无从理解。

《犹太战史》前两卷的记载十分翔实，作者回顾了塞琉古王朝统治末期以来发生的主要事件，从而阐明犹太起义的起因。在《犹太古史》一书中，至少有5卷（13—17卷）都在描述犹地亚史上最辉煌的时期，即哈斯蒙尼王朝及希律王时期。如要了解这些历史，约瑟夫斯的记载至关重要。他的主要参考资料为尼库拉乌斯所著的《世界史》与《自传》。但对《自传》的记述，约瑟夫斯保持了审慎的态度，特别是涉及希律王本人及王朝问题的部分。与《犹太战史》相比，约瑟夫斯在《犹太古史》中对希律王的描述带有更强的批判态度。的确，在《犹太战史》中，约瑟夫斯主要站在罗马的立场，承认希律王在其统治期间曾为改善犹太人及罗马人的关系做出贡献。这种回溯史实的论述，也可以为作者本人在希律王去世几十年后的政治立场做出合理辩护。如要解释《犹太古史》的批判态度，也许还应考虑到所用史料不同，且部分史料持反对希律王的态度，何况作者对希律王本人及其功过也自有其深刻的思考，这些因素也应加以考量。正缘于此，约瑟夫斯所塑造的希律王，是一个被激情所摆布、有被害妄想的疯癫之人，至于大马士革的尼库拉乌斯，则是在旁循循劝诱却徒劳无功的谏臣。另外，由于尼库拉乌斯的记载已经遗失，已经无法从细节上比较他与约瑟夫斯的叙述，否则这样的研究一定颇有价值。约瑟夫斯经常在著作中强调其著作与前人的记载有所不同，并往往对所征引史料中的吹捧之词提出异议，有些史料也正是通过他的引文而为我们所知。虽然约瑟夫斯屡屡对尼库拉乌斯的记载加以批评，指责其为希律王的统治辩护，但仍在《犹太古史》中对尼库拉乌斯大加赞誉，称他才华横溢，是一位效忠于希律王的说客。他理智谨慎的天性与希律王多变难测的性格形成了鲜明对比。

约瑟夫斯的著作之所以能流传至今，其实是基督徒的功劳，由于书中记载了基督教诞生的历史背景，故而被基督徒善加保存。在《犹太古史》第8卷中，有几行文字提到耶稣所行奇迹、耶稣复活及其门徒数目增多之事。虽说所谓"约瑟夫斯的见证"（testimonium flavianum）一段是否真为本人所作，目前尚无定论（该段落可能为后人所加），但由此也可看出，让约瑟夫斯的著作流传于世对基督教徒具有重大的意义。

GIOSEFO
IL QVALE, CON MEMO.
RABIL'ESEMPIO DELLA DIVINA
giuſtitia, contiene l'aſſedio, et ultima deſtruttione
di Gieruſalem, & tutto'l Regno de gli
Hebrei, ſotto Veſpaſiano, e Tito:

DAL GRECO, NELL'IDIOMA TOSCANO
tradotto: ultimamente con diligenza corretto, & in
molti luoghi di non poco momento migliorato.

IN VINEGIA,
PER GIOVANMARIA BONELLO,
M D L I I.

身世

希律王家族起源于犹地亚南部的以土买，该地于公元前 2 世纪被马加比家族所殖民。约瑟夫斯所记最早的希律王家族成员，是希律王的祖父安提帕斯[2]。当时海尔卡努斯一世在当地推行犹太化政策导致民众不满，于是安提帕斯受任为以土买地区长官，负责防范叛乱。安提帕斯治理以土买期间定居在当地首府马里萨，主要任务是协调以土买地区希腊人、腓尼基人、阿拉伯人、犹太人及以东人等各族群间的关系。当时，在以土买邻近地区，阿拉伯人建立的纳巴泰王国十分强大，于是他安排长子安提帕特二世迎娶了纳巴泰国王之女。在亚历山大·詹内乌斯统治期间，安提帕特二世继承乃父之职，并与其妻塞浦路斯育有三子：法撒勒、希律（生于公元前 73 年）、约瑟夫。

安提帕特二世的首要策略是争取纳巴泰国王亚哩达（其岳父）及其臣民的好感，同时，他还积极拥护罗马在叙利亚及犹地亚实施的各项政策，并始终为庞培、恺撒等历任罗马英白拉多（imperator）[3]、将军及本地总督经营东方提供支持。他灵活应对各统帅间的竞争关系，并且每次都站在胜利者一方，向其提供所需的帮助。如公元前 48 年秋，恺撒为将克里奥帕特拉送上王位出兵亚历山大里亚，其间获得了安提帕特的援助。作为回报，在亚历山大·詹内乌斯两子（海尔卡努斯二世及阿里斯托布鲁斯二世）争夺犹地亚王位时，安提帕特也获得罗马方面支持。安提帕特当时站在海尔卡努斯二世一方，并助其取得纳巴泰人的支持，因此海尔卡努斯在斗争初期占据上风。安提帕特本人亦因广施援手而获得回报。公元前 47 年，恺撒赐予安提帕特与其子免税待遇及罗马公民身份，当恺撒授予海尔卡努斯二世大祭司之职时，也让安提帕特担任犹地亚地方长官，授其"行政官"（épitropos）称号，管辖范围包括加利利、撒马利亚、以土买。其实安提帕特的立场较为模糊，名义上他为海尔卡努斯二世效忠，但在众人眼中，他却是罗马统治当地的忠实帮手。总体而言，恺撒实行的政策对犹太人非常友好，在罗马全境保障犹太人的权利受到尊重。苏维托尼乌斯为恺撒所著传记中，描述了恺撒被刺翌日，犹太人悲痛异常，哀悼不已，与其他外邦人迥异。在恺撒统治下，犹地亚高度自治，虽说称臣纳贡，但在罗马治下多族群并存的叙利亚地区中，地位十分特殊。而凭

借安提帕特，罗马也得以从内部控制犹地亚地区。

不过希律家族皈依犹太教时间较为晚近，敌对的哈斯蒙尼家族对此大加利用，对其以非正统犹太人相待。希律家族的起源问题争议很大，由于家族成员均采用希腊语名字，有人猜想其先祖本系闪族，但因数代之前开始受希腊化影响，闪族身份逐渐模糊。希律王所受的教育为典型的希腊式教育，大马士革的尼库拉乌斯强调称希律王对哲学、史学、修辞学兴趣颇深。弗拉维奥·约瑟夫斯认为，比之犹太人，希律王对希腊人更加亲近，而他后日实行的建筑工程也与其教育经历息息相关。如此的家庭及文化背景，加上身世起源，颇不利于希律王博得犹太人的好感，因此我们也更能理解尼库拉乌斯有关其身世的记载。尼库拉乌斯为了抬高希律王族系的地位，或者说至少使其更符合主流观念，便伪称希律王祖上可能出自从巴比伦返回的犹太贵族家庭。而约瑟夫斯则深信希律王家族起源于以土买地区，并指出尼库拉乌斯捏造事实，借为政治宣传服务。这一观点着实不错。在希腊化时代，众多民族在以土买混杂而居，其中先后兴起的腓尼基文化、希腊文化对各族影响最深，而希律王一族正是在这一背景下发展壮大。至此，我们难以再下更多定论，但有一点可以肯定：希律王即便有意觊觎，也绝无可能取得大祭司之位，而他的对手哈斯蒙尼家族则有担任圣职的资格。

获得王位

安提帕特二世凭借恺撒之力，终于在以土买称雄一方，他的几个儿子也趁势壮大势力。法撒勒及希律以将军（stratège）身份，分别在耶路撒冷、加利利带兵作战，尤其还负责抵御当地匪帮入寇。不久，希律就因擒斩强盗首领希西家而名声大振，不过，他也因事先未征求撒都该人及犹太公会的意见，招致两方的敌意。撒都该人及犹太公会意欲对希律加以追究，但立刻遭到罗马制止。此事过后，希律不但安然无事，他的威信反而扩展至邻近的柯里叙利亚及撒马利亚等地。

然而，犹地亚的历史走向与罗马局势息息相关。公元前 44 年 3 月 13 日，恺撒被刺身亡，随后，参与弑君的卡西乌斯很快便接手了罗马对亚洲的统治。早在 10 年前，卡西乌斯就曾支持过安提帕特二世对抗阿

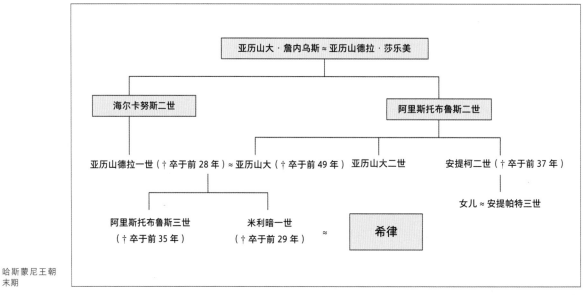

亚历山大·詹内乌斯 ≈ 亚历山德拉·莎乐美

海尔卡努斯二世

阿里斯托布鲁斯二世

亚历山德拉一世（†卒于前 28 年）≈ 亚历山大（†卒于前 49 年）　亚历山大二世　安提柯二世（†卒于前 37 年）

女儿 ≈ 安提帕特三世

阿里斯托布鲁斯三世（†卒于前 35 年）　米利暗一世（†卒于前 29 年）　≈　希律

哈斯蒙尼王朝末期

里斯托布鲁斯二世，因为公元前 53 年，克拉苏在卡莱败于帕提亚人之后，阿里斯托布鲁斯曾与帕提亚人接近。所以犹地亚对罗马的忠诚可谓由来已久，虽然安提帕特二世不久即中毒身亡，但也并未改变这种局面。希律也与卡西乌斯颇有交情，并受他任命为全叙利亚的财政总管（épimélète），负责军队后勤。据约瑟夫斯所述，卡西乌斯甚至可能承诺过要封希律为王。然而，恺撒被刺后罗马内战重启，形势为之一变。公元前 42 年 10 月，恺撒的继承者马克·安东尼与屋大维，率军在色萨利地区腓立比城击败共和派，统率共和军队的布鲁图斯与卡西乌斯兵败自杀。此后，罗马的掌控权便由两位胜利者瓜分，东方落入安东尼手中。安东尼随即赶赴东方，后滞留埃及，成为女王克里奥帕特拉的情人。此外，罗马内战及卡西乌斯之死还引发了另一后果：罗马在东部边境放松了警惕，帕提亚人趁机入侵叙利亚及小亚细亚部分地区。

罗马在犹地亚的地位不久即受到威胁。安提帕特二世的几个儿子很快便与腓立比战役的两位获胜者结盟，安东尼还提拔他们为分封王。大祭司海尔卡努斯二世也被晋升为领主，但并无国王头衔。如此安排是因罗马三执政之一的安东尼不愿看到东方形势发生巨变，对他而言，当时罗马的第一要务是重新控制东方，所以须确保各方忠于罗马，至于先前的党派门户之见则居于其次。首先，埃及问题十分棘手，至于犹地亚，当地民众及贵族群体性情顽固，向来不甘臣服于外族

统治，而安提帕特家族则正可加以利用，以便维系当地的稳定。所以安东尼不顾犹太贵族的诟病，多次出面维护希律。然而，安提帕特家族的对手哈斯蒙尼家族，却趁罗马内战、局势动荡之际，迫不及待地向帕提亚帝国求助，以图重夺王位。尽管阿里斯托布鲁斯二世及其长子亚历山大已死，但小儿子安提柯·玛他提亚联合了帕提亚阵营，攻下耶路撒冷，自立为王，兼任大祭司。哈斯蒙尼王朝因此在帕提亚的保护下短暂复立。希律之兄法撒勒被杀，海尔卡努斯二世也遭活捉，并受刑致残，后以战俘身份被发配至美索不达米亚，因而失去担任一切政治及宗教领袖的资格。

希律被迫逃亡，并在日后建造希律堡的地方打了最后一场胜仗。他把家人及亲信，包括母亲、姐姐及未来的妻子米利暗，安排到马萨达要塞的安全地带。马萨达地处以土买东南部，靠近死海及希律盟友纳巴泰人的地界。之后，希律到达埃及，又转赴罗德岛，并出资重建罗德岛古城，随后从罗德岛出发，前往罗马，这是他首次造访这座城市。抵达罗马后，事情进展十分顺利，一周之后，即公元前 40 年秋，希律被罗马元老院任命为犹地亚之王，即犹太王，朝野无人反对。

希律之所以取得外交胜利，并迅速获封为王，其实有诸多原因。他在元老院及罗马贵族中后台强大，其中就包括马库斯·瓦列里乌斯·梅塞纳斯·卡维努斯。卡维努斯为罗马贵胄，家世显赫，先前曾支持卡

西乌斯，后与安东尼结盟。希律封王前一年，对希律不满的犹太人前来向安东尼表达不满，卡维努斯在安条克近郊的达弗涅为希律王做了辩护。除此之外，希律王还获得罗马后三头同盟中两大成员——马克·安东尼与屋大维——的支持。当时安东尼正准备重返东方，而屋大维则是恺撒养子。元老院投票同意希律封王后，在罗马卡皮托林山上举行了祭礼。相关政要一同登上山顶，按惯例献祭，随后将刻有册封令的青铜板供入神殿。希律就这样获得"罗马人的盟友"（Socius et amicus populi romani）之称号。约瑟夫斯描绘了册封的场景，称希律王步出元老院时，左右两侧为罗马后三头同盟中的两位成员。至于希律是否最初就有意受封为王，我们并不清楚。当时，希律应该并未彻底与哈斯蒙尼家族决裂，因为他正打算迎娶哈斯蒙尼家族的米利暗为妻。米利暗之父为亚历山大，母亲为亚历山德拉一世，祖父是阿里斯托布鲁斯二世，外祖父为海尔卡努斯二世。米利暗有位弟弟，也名阿里斯托布鲁斯，史称阿里斯托布鲁斯三世，当时只有15岁，希律本可以借此机会扶其上位并自任摄政，但当时罗马需要希律率军对抗帕提亚人，因此将其册封为王。而且在犹地亚遭到入侵、海尔卡努斯二世被俘之后，希律便是罗马在此地仅剩的一张牌，从而成为罗马收复犹地亚的工具。而希律的下一步棋，也是借

助罗马军队重新控制王国。两年之后，希律王达到了目的。

公元前39年，希律王抵达多利买，随即向加利利及以土买等边境地区发动进攻，随后攻占耶利哥及撒马利亚。希律王包围了犹地亚全境，并在最后一轮攻势中获得罗马军团援助，彻底将帕提亚人逐出境外。此外，他还攻下帕提亚盟国科马基尼王国的首都萨姆萨特。之后，安东尼派遣大将索西乌斯赶赴犹地亚，帮助希律王攻占耶路撒冷。先前将希律王称作"非正统犹太人"的安提柯，如今开始尝试与安东尼谈判，但未获成功。公元前37年夏，耶路撒冷失守，安提柯被擒，不久后于安条克遭到处决。他先受鞭刑，后被砍下首级，这是当时一种惯用刑罚，专门针对各地王室成员中执意叛乱并反对罗马的顽固分子。哈斯蒙尼王朝自此结束，之后再无任何家族成员登上犹地亚王位。这一年，希律王37岁，因在围城期间已与米利暗成婚，所以顺理成章地继承了哈斯蒙尼家族的王位。并且，希律王成功让耶路撒冷免受兵燹之祸，故而以拯救百姓、缔造和平的救星形象自居，而非仅是外国征服者的走卒。希律王为此对罗马做出了一些担保，并为犹太公会出资，但他总算可以实施统治，并在自己铸造的铜币上加印犹太王的称号。罗马元老院于公元前40年颁布的册封令，如今终于不再是一纸空文。

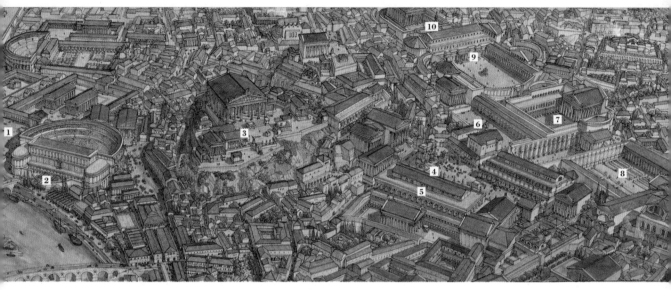

帝国时期罗马城中心区域复原图

1│弗拉米尼乌斯竞技场	2│马尔凯路斯剧场	3│卡皮托林山	4│古罗马广场
5│朱里亚巴西利卡大会堂	6│恺撒广场	7│奥古斯都广场	8│和平神殿
9│图拉真广场	10│图拉真记功柱		

难缠的邻国：帕提亚帝国

　　帕提亚帝国于公元前3世纪中叶诞生于伊朗东北部地区，由里海东岸一个名叫阿尔沙克（Arsace）的部落首领建立，帕提亚王朝又名安息王朝（dynastie des Arsacides），"安息"一词即源自"阿尔沙克"。最初，阿尔沙克征服了塞琉古帝国的帕提亚省，之后，随着塞琉古帝国衰落，他的小国得以展拓疆土。帕提亚的扩张时断时续，公元前2世纪末，帕提亚已是独立的王国，并将经营的核心从伊朗高原转向美索不达米亚平原，逐渐成为与罗马周旋的主要角色。当时，庞培主要忙于对抗本都国王米特里达梯六世及其女婿亚美尼亚国王提格兰二世，还需在塞琉古帝国灭亡后，处理东方地区的善后事宜，因此罗马并未为难帕提亚王国。然而几年之后，罗马叙利亚行省总督克拉苏向帕提亚开战，以为可以轻松获胜，赢得荣誉及战利品，但战争以惨败收场。公元前53年，在叙利亚沙漠中的卡莱城一带，帕提亚骑兵完胜罗马军队，克拉苏战死，头颅被作为战利品献给帕提亚国王。

　　公元前42年，腓立比战役次日，帕提亚人趁罗马军队阵脚大乱、安东尼远在埃及之际，入侵亚细亚、叙利亚两行省。此次入侵由国王奥罗德斯二世之子帕科罗斯指挥，并获得罗马共和派军队中一些叛军的支持，其中便有恺撒征服高卢时的得意将领提图斯·拉比埃努斯的儿子昆图斯·拉比埃努斯。罗马并未及时应对，导致帕提亚得以在东方暂占上风，于是犹地亚一时转投帕提亚阵营，并获得多数民众支持。公元前39年年初，安东尼派遣大将普布利乌斯·文提第乌斯赶赴亚细亚行省，两次击败帕提亚军队，并斩杀帕科罗斯，彻底逐走帕提亚侵略军。之后，安东尼更是乘胜追击，攻下帕提亚盟国科马基尼王国首都萨姆萨特，并收复全部失地。最后，索西乌斯军团在希律王的帮助下占领耶路撒冷，为罗马再次征服东方画上句号。

　　然而，这些军事胜利并不足以为克拉苏复仇，反攻帕提亚、一雪前耻仍是罗马共和国末期几位英白拉多的主要目标之一，但无论恺撒还是安东尼都未能达成心愿。恺撒在公元前44年远征帕提亚的前一日被刺身亡，安东尼则在公元前36年出征帕提亚失利。直到公元前19年，在更倾向于外交斡旋的奥古斯都执政期间，罗马才通过谈判使帕提亚交还之前夺走的罗马军旗，奥古斯都还把通过外交手段收回军旗一事渲染成军事胜利。公元前35年，安东尼控制了亚美尼亚，于是两大强国又陷入对抗之中，双方停停打打，打打停停，紧张局势一直持续至帕提亚帝国末期，甚至在3世纪帕提亚被萨珊王朝取代后仍未消除。

后三头同盟

恺撒遇刺后罗马内战重启。一方为刺杀阴谋的参与者，依靠部分元老院成员支持，西塞罗是其中的头面人物；另一方为恺撒的支持者和继承者，主要领袖有三人，分别为时任（公元前44年）罗马执政官马克·安东尼；骑兵长官（maître de cavalerie）、部队统帅雷必达；恺撒死前不久亲自指定的继承人、年轻的屋大维。最初，恺撒的几位继承者关系并不融洽，但公元前43年年末，他们意识到时局可能重回共和旧制，威胁到恺撒派的安危，因此决定联合行动，一致对外，并将为恺撒复仇定为第一个目标。三人组成的集团史称"后三头同盟"，与"前三头同盟"呼应。前三头同盟成立于公元前60年，由庞培、恺撒、克拉苏组成，当时的目标亦为制衡加图、西塞罗领导的元老院派。然而，相较而言，前三头同盟只是三人私下订立的盟约，旨在控制罗马政务、争夺战功。而后三头同盟则建立在法律基础之上，具有制度意义。公元前43年11月27日，由《提蒂亚法》（Lex Titia）确立的后三头同盟组成新的行政体系，安东尼、雷必达、屋大维三人分别获授为期五年的特殊权力，组成"三人执政团"（Triumviri Rei Publicae Constituendae）。其实，三人的打算是平分罗马帝国西部行省，尤其是控制当地驻军，以便对"弑君派"开战。后三头同盟控制意大利后，敌人仍掌握东方地区，因此下一步行动便是率军东征，并瓜分东方领土。当时罗马的各个共和制行政机构已经停摆，但并未裁撤。元老院及人民大会（comices）仍可召开会议，但高级行政官均由后三头同盟在其支持者中选任。三位军队首领还享有执政官的最高权力（imperium），以及许多便宜行事之权。他们不愿将这种新型权力机制称作独裁制，因为恺撒死后独裁制已被废除，而且独裁制一词在罗马民众听来恐怕太过露骨。然而，独裁已成事实，新政权更接近专制，而非共和体制，只不过由一人专制变为三人专制而已。各位元老对此可谓心知肚明。新体制下的权力中心已经脱离罗马，而转移到帝国的军队之中，地方总督（proconsul）的部队指挥权正是后三头同盟权力的核心。

后三头同盟很快便实现了目标，即消灭罗马元老院中的反对派。他们采用剥夺法律保护权的手段，将政敌一一铲除，其中首当其冲的西塞罗便是一例。随后，他们又将政敌的财产没收充公，不但可借机中饱私囊，还可以分给友人及支持者。公元前42年10月，共和派元老小加图的两位继承人卡西乌斯、布鲁图斯，率军出战于色萨利大区腓立比平原，随后兵败自杀。在此之前，法萨卢斯之战及西塞罗的倒台都未能摧垮罗马共和国，然而腓立比战役却导致共和国彻底终结。此后，后三头同盟本应就此解散，但三人不肯放权，反而将罗马重新瓜分。公元前40年秋，三人在布林迪西达成协议，屋大维控制罗马西部，安东尼享有东方，至于已被孤立的雷必达，只能掌控非洲地区。三人之间一争高下已是必然之势。公元前37年，三人执政团的任期又延五年。一年之后，雷必达彻底出局，屋大维接手非洲地区。后三头同盟中余下二人很快决裂，并开始争夺罗马世界的统治权。安东尼依靠东方及埃及女王克里奥帕特拉的支持，屋大维则获得西部各行省的效忠，并表示将捍卫罗马及意大利，抵抗东方邪恶势力及埃及女王的威胁。由于克里奥帕特拉女王与安东尼结盟，于是恺撒的继承人屋大维在罗马针对女王发起舆论攻势，并指责安东尼叛国背祖。罗马名义上只对克里奥帕特拉一人宣战。公元前31年9月2日，屋大维在亚克兴战役中获胜，并于公元前30年征服埃及，于是后三头同盟正式终结，因为后三头同盟如今只剩一人，再无存在的理由。不过，至于屋大维是否随即放弃了三人执政团赋予他的特权，仍然有待探讨，各种迹象表明，屋大维在公元前32年后仍在行使特权，直至公元前28年，他才将权力交还人民和元老院。一方面，他一度凭借特权成为罗马的领袖，但另一方面，这种特权在罗马人眼中是专制的象征，史学家塔西陀也用"无法无天"（non mos, non ius）形容这段时期。屋大维日后还曾试过让人忘掉这段不光彩的历史，但民众并未上当。屋大维刚一交还特权，元老院便立即赋予他同等重要的其他权力，屋大维于是成为奥古斯都，罗马共和国也让位于罗马帝国。正由于三人执政团的存在，两种体制才得以顺利过渡。

罗马恺撒广场

罗马恺撒神殿

朱里亚巴西利卡大会堂

希律称王

听完希律叙述自己波折的经历，安东尼同情万分；想到希律之父安提帕特之殷勤慷慨，想到恳求者希律个人之才干，安东尼决心将先前由自己任命为分封王的希律升格为犹太人之王。安东尼不但对希律颇为器重，还了解到希律痛恨安提柯，而安东尼自己也认为安提柯是个为非作歹之徒，更是罗马的敌人。另外，安东尼发现恺撒（屋大维）也持同样想法，甚至比自己更加倚重希律。屋大维曾向安东尼提到，当年征服埃及时，希律之父安提帕特曾与屋大维养父恺撒同甘共苦，始终对恺撒慷慨相助，殷勤不已。同时，屋大维也看中希律敢于作为的性格。于是，屋大维召开元老院会议，梅萨拉与阿特拉提努斯两人先后在会上介绍了希律。他们列举了希律之父为罗马所做的贡献，表明希律对罗马人十分友善，安提柯则与罗马为敌。早先，安提柯就曾与罗马有过激烈的冲突，如今依仗帕提亚之力夺得权力后更为嚣张，对罗马不屑一顾。听了此番陈述，元老院内群情激昂，于是安东尼上前说道，即便是为遏制帕提亚起见，封希律为王也是有利之举。元老院一致通过提议。之后，全体元老分立两侧，希律由安东尼、恺撒两人左右陪护，一同走出元老院。三人随后由罗马执政官及其他行政官员带领，登上卡皮托林山，献祭后，为元老院的册封令祝圣。希律王开始统治的首日，受到了安东尼的宴请。

——弗拉维奥·约瑟夫斯《犹太战史》，第 1 卷，282—285 节

青铜钱币。公元前 37 年希律登基时所铸
这枚钱币体积较大，是希律王号的象征，上刻铭
文 "Basileus Herodes"（希律王）
（©akg-images / Erich Lessing）

［右页］
《阿里斯托布鲁斯三世遇害》
马特乌斯·梅里安（1593—1650）
铜版画，后期上色
（©akg-images）

希律王与克里奥帕特拉

希律王是罗马公民，全名为盖乌斯·尤利乌斯·希律，有执政官的登记档案可以查证。对希律之父而言，获得"豁免权"（immunitas）免去税赋，这种优待可能较之"公民权"（civitas）更为重要。至于希律王，虽说从他采取多妻制即可看出他本人并无太强的罗马身份认同，但当需要行使相关权利时，罗马公民权对他极其关键。而且希律王的王号是犹地亚之王，而非犹太人之王（只有约瑟夫斯在著作中为方便才称呼其为犹太人之王），故其王号仅与领地有关，与犹太民众无关。希律王与罗马之间纯粹是臣属与宗主的关系。

希律王最初效忠于后三头同盟中执掌东方的马克·安东尼，两人间的主臣关系表现在许多具体的事务中，如耶路撒冷附近常驻罗马军团，希律王还曾支付600万罗马塞斯特斯银币（sesterce）用于军团开支；安东尼多次向希律王索要贡金，用于经营东方事务，特别是为自己与帕提亚帝国的战事提供资助。总体而言，安东尼在希律封王时虽鼎力支持，之后却对他予取予求。安东尼刚到东方，就将希律王手中的耶利哥、雅法两地划给埃及女王，而雅法本是希律王唯一一处海港。诚然，安东尼曾多次庇护希律，对他颇为敬重，而且十分重视希律送来的礼物及其行为态度。因此，希律王将耶路撒冷圣殿旁主防御塔改造为堡垒式宫殿后，即将其命名为安东尼亚堡，意在向安东尼致敬。然而，希律王对待亲人的态度依然让安东尼震惊不已，尤其是希律王居然谋杀了年轻的阿里斯托布鲁斯三世。米利暗的弟弟阿里斯托布鲁斯三世最初被希律王任命为大祭司，后来，希律王因畏惧其威望滋盛而将其杀害。安东尼大怒，传唤希律王前来接受质询，但希律王最终得以全身而退。当时，克里奥帕特拉一心想扩展领土，并与犹太王交恶，而安东尼则受克里奥帕特拉所左右。公元前34年，安东尼在亚历山大里亚重新分配罗马的东方领土时，面积狭小的犹太王国未能幸免。安东尼与埃及女王所生幼子托勒密·费拉德尔弗斯从此成为东方这部分领土的主人，埃及女王也因而被尊奉为"众王之后"。希律王因自己屈尊人下，被迫遵从安东尼之命（其实是受克里奥帕特拉唆使），对先前的盟友纳巴泰人发动战争，不久又将一支军队派往亚克兴参战。然而，公元前31年，犹地亚地震，灾情严重，希律王幸而得以不必亲赴亚克兴战场，因此一个月后安东尼作战失利时，希律王未在战败者之列。此后希律王必须改与屋大维打交道，而他也再次展现了自己惊人的政治生存手段。

公元前30年年初，希律王前往罗德岛会见亚克兴战役胜利者屋大维。出发前，希律王认为此行前途

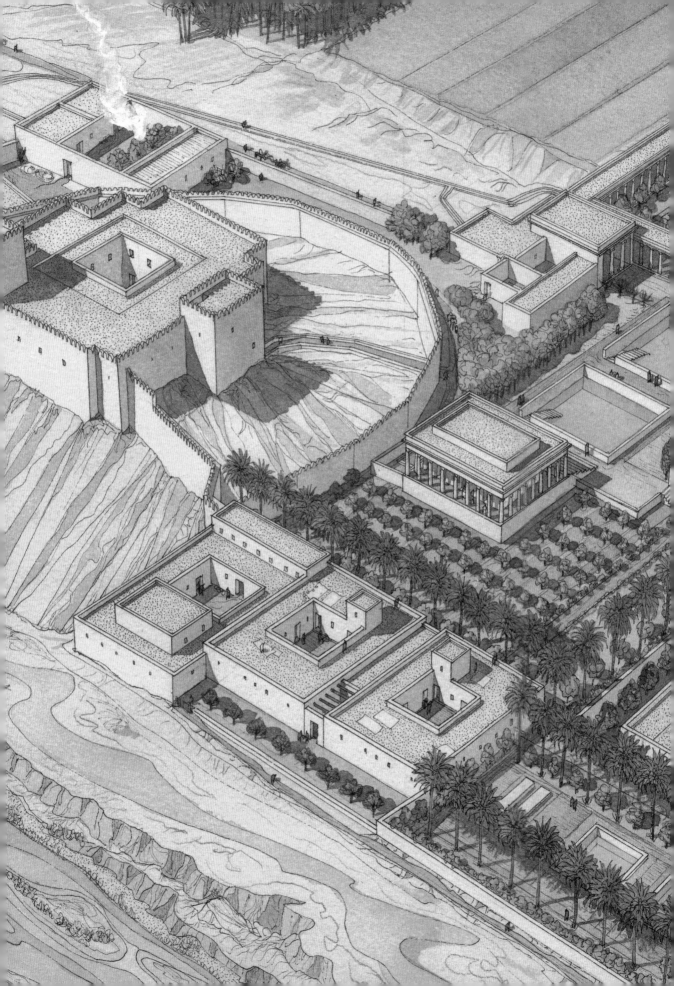

未卜，便决定采取一些预防手段。海尔卡努斯二世虽然并未对他构成威胁，希律王却下令将其处决；王后米利暗及她所生长子亚历山大也遭软禁，希律王下令称，若此行失利，便将二人处死。如此一来，罗马新主人屋大维便无法选任他人替代希律王。希律王深知，这一步棋非常关键，它将决定自己是否可以继续稳坐王位，等到与屋大维会面时，一切将见分晓。希律王未参与亚克兴战役，或可看作是命运相助，或可看作是精心谋划的政治策略。据约瑟夫斯所言，是克里奥帕特拉派希律王去对付纳巴泰人，让希律王正好避过了亚克兴之战。但无论如何，希律王早已安排好了对策。据约瑟夫斯记载，希律王为自己辩护的说辞展现出他高超的政治手段。一方面，他并不否认自己效忠于安东尼；另一方面，他还表明罗马再无比自己更忠诚的盟友，他能登上王位，全仰赖罗马的提携，而他也一直对恩主支持有加。屋大维亦是政治老手，很快便明白希律王大有利用价值。希律王不但忠心耿耿，而且此时东方地区动荡不安，一直受到帕提亚帝国的潜在威胁，罗马正可利用希律王来稳定当地局势。由庞培建立、安东尼维持下来的藩属国体系的确有其优势，只要该体系仍能维持地区和平与稳定，那么屋大维并无任何理由对其加以改变。希律王便是藩属国体系中一枚关键的棋子，而且在当时的局势中，他的外交才能显得尤其珍贵。他凭借自己的交涉能力，既保住了项上人头，也保住了犹太王国，同时还稳固了自己的王位。

几周之后，屋大维进军埃及途中路过多利买，受到希律王的接待，排场十分奢华。之后，希律王也像父亲当年一样，向罗马军队奉上补给。等屋大维得胜而归再次经过犹太王国时，希律王一直陪伴左右，直至安条克，并向罗马军队提供了一切所需物资。他对罗马的殷勤态度很快获得了回报。首先，希律王得以收回耶利哥，并且自公元前 30 年秋，王国领土开始扩展至其他重要地区，其中有叙利亚十大主要城市中的两座——加大拉与希珀斯。还有撒马利亚，以及加沙、安塞冬、雅法等沿海城市或区域。还包括港口城市斯特拉同之塔，几年后，希律王正是在此处大兴土木，营建港城凯撒利亚。获得这些领土后，希律王的财政资金来源大幅增加，得以为王国的各项工程提供资金。

阿里斯托布鲁斯三世遇害地、耶利哥哈斯蒙尼宫复原图

克里奥帕特拉雕像
柏林佩加蒙博物馆
（©akg-images / De
Agostini Pict.Lib）

克里奥帕特拉

    克里奥帕特拉七世生于公元前 69 年，父亲为托勒密十二世，绰号 "吹笛者"。公元前 51 年父亲去世后，克里奥帕特拉与自己年仅 6 岁的弟弟托勒密十三世共掌王位。于是在姐弟之间，尤其是朝中两派之间，一场旷日持久的斗争随即展开。恺撒战胜庞培之后，最终也卷入这场冲突中。公元前 47 年，亚历山大里亚之战结束，托勒密十三世兵败身死，克里奥帕特拉被扶上埃及王位。公元前 46 年，克里奥帕特拉赴罗马与恺撒团聚，直至公元前 44 年恺撒被刺杀后不久，方才离开罗马，并在返回埃及途中生下恺撒之子恺撒里昂。之后，克里奥帕特拉除掉了自己最后一个弟弟，并于公元前 41 年在塔尔苏斯宣布向安东尼效忠，作为回报，安东尼送上了克里奥帕特拉的妹妹阿尔西诺伊的人头。随后，安东尼前往埃及会见女王，二人初次相见后，克里奥帕特拉便怀上一对双胞胎，即亚历山大·赫利俄斯及克里奥帕特拉·塞勒涅。然而，由于罗马事务烦冗，安东尼很快离开，并于公元前 40 年在布林迪西决定与屋大维共掌罗马的统治权。为巩固盟约，安东尼迎娶屋大维之妹屋大维娅，克里奥帕特拉于是被置于次要地位，三年之后才于安条克再次见到安东尼。公元前 36 年，安东尼对帕提亚作战时得到埃及王的支持，且当时安东尼与屋大维的关系趋于紧张，这些因素导致安东尼与埃及女王两人最终选择站在同一阵线。公元前 34 年，借在亚历山大里亚分配领土之机，安东尼重组东方势力，克里奥帕特拉被封为 "众王之后"（reine des Rois），恺撒里昂被封为 "众王之王"（roi des rois）。克里奥帕特拉与安东尼所生子女亚历山大·赫利俄斯、克里奥帕特拉·塞勒涅及公元前 36 年所生的托勒密·费拉德尔甫斯，分别获得各自的王国及封国，但其中一些领土尚待征服。

    然而，克里奥帕特拉与罗马的冲突却在激化。公元前 32 年，安东尼休去屋大维娅，于是屋大维便针对埃及女王发动舆论攻势，随后宣战。克里奥帕特拉与安东尼带领满载珍宝的船队，成功避开敌军在亚克兴设下的陷阱，逃往亚历山大里亚。然而，败局已定。一年后，即公元前 30 年 8 月 30 日，屋大维攻入亚历山大里亚，安东尼自杀身亡。不久，埃及末代女王克里奥帕特拉因不愿被屋大维当作战利品带回罗马受辱，于是选择自杀，享年尚不满 40 岁。

马克·安东尼

    马克·安东尼于公元前 83 年生于罗马安东尼氏族，祖上是原为平民阶层的贵族。家族中有一位名声显赫的演说家，与马克·安东尼同名，被西塞罗誉为可与德摩斯梯尼比肩的人物。安东尼家族与恺撒家族有亲缘关系。安东尼青少年时屡经波折，父亲早亡，母亲改嫁，公元前 63 年，罗马元老喀提林密谋政变失败，安东尼继父因是喀提林的党羽而遭到处决。另外，安东尼常年在罗马混迹于一些行为不端的纨绔子弟之间，多次惹祸上身。他的朋友中，就有以善于挑拨事端闻名的克洛狄乌斯。

    年轻的安东尼首次随军出征时，就被派往巴勒斯坦和埃及等东方地区，听命于执政官加比尼乌斯。之后，他赴高卢与恺撒会合，并于此开始崭露头角，尤其在阿莱西亚战役中表现出色。恺撒时任高卢行省总督，两人结交后，安东尼在罗马元老院中以护民官的身份全力维护恺撒的利益。罗马内战爆发时，安东尼逃离罗马，投靠恺撒，并在法萨卢斯之战中，协助恺撒对抗庞培及其盟友，战役中安东尼大显身手。公元前 48—前 47 年恺撒出征在外之时，让安东尼管理意大利事务。在此期间，安东尼因一些过错而短暂失势，不过公元前 44 年，又被指定为执政官。同年 2 月，在罗马著名的牧神节上，安东尼曾想献给恺撒一顶王冠。3 月 15 日，恺撒被刺身亡，安东尼得以幸免，并很快控制住了局面。

    然而，恺撒的指定继承人、年轻的屋大维突然进入罗马政坛，导致安东尼的权力遭到质疑。在罗马内战重启的背景下，西塞罗写下抨击安东尼的宣传文章《反腓力辞》，并公开宣读。公元前 43 年，在摩德纳之战中，安东尼出师不利，之后开始接近屋大维及雷必达等其他恺撒派头领。屋大维原名为 "Octave"，成为恺撒养子后改名为盖乌斯·尤利乌斯·恺撒·屋大维阿努斯（Caius Iulius Caesar Octavianus），但当时 "屋大维" 并非他的惯常称呼，史籍中常见的称呼为 "年轻的恺撒"。雷必达曾是恺撒的骑兵长官，与安东尼同为后三头同盟成员。公元前 42 年，在腓立比战役中，曾参与刺杀恺撒的布鲁图斯与卡西乌斯相继死亡，恺撒之仇得报，但后三头同盟并未就此解散。三人重新平分天下，安东尼分得东方地区，不久便启程东去。与埃及女王克里奥帕特拉会面之

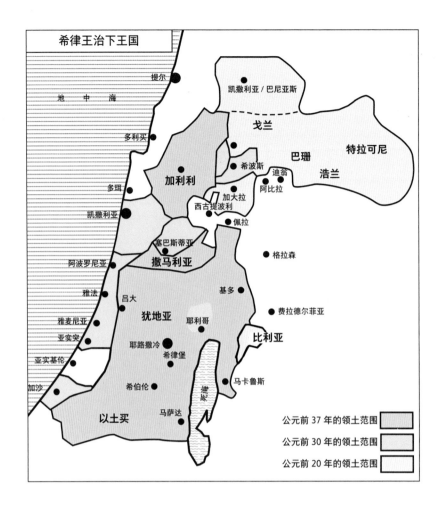

希律王治下王国

提尔
凯撒利亚／巴尼亚斯
地　中　海
戈兰
巴珊
特拉可尼
多利买
浩兰
希波斯
迪翁
加利利
加大拉
阿比拉
多珥
西古提波利
佩拉
凯撒利亚
塞巴斯蒂亚
格拉森
撒马利亚
阿波罗尼亚
基多
雅法
费拉德尔菲亚
吕大
犹地亚
雅麦尼亚
耶利哥
亚实突
比利亚
耶路撒冷
希律堡
亚实基伦
马卡鲁斯
加沙
希伯伦
死海
以土买
马萨达

公元前 37 年的领土范围
公元前 30 年的领土范围
公元前 20 年的领土范围

后，安东尼急忙返回意大利，在公元前 40 年与屋大维达成布林迪西和平协议，从而明确了双方对罗马世界共同享有统治权。为巩固这一协议，安东尼迎娶屋大维之妹屋大维娅。

然而，自公元前 37 年起，安东尼与克里奥帕特拉重修旧好，而且此时的克里奥帕特拉，已经为他生下一对双胞胎亚历山大·赫利俄斯及克里奥帕特拉·塞勒涅。不久之后，又生下三子托勒密·费拉德尔甫斯。从此安东尼开始沉溺于征服东方的梦想。公元前 36 年，安东尼对帕提亚帝国发动战争，但以失败告终。公元前 35 年，安东尼在亚历山大里亚庆祝自己成功夺取亚美尼亚王国。经历这些事件后，安东尼彻底与克里奥帕特拉结成同盟，并娶其为妻，还在重新划分东方领土时，让克里奥帕特拉及其子女成为最大的受益者。至此，安东尼与屋大维的决裂已成定局，而安东尼休走屋大维娅，并将她从罗马的住所逐出，让两人关系更为恶化。屋大维趁机对这一丑闻加以利用，针对安东尼发起舆论攻势，不久与安东尼开战。公元前 31 年 9 月，安东尼与克里奥帕特拉在亚克兴之战中失败，作战期间，安东尼先是在一次战斗中失去先机，随后为了保全舰队及兵力，被迫与屋大维在海上交锋。安东尼最终一败涂地，逃往亚历山大里亚。此后安东尼曾奋力与敌军英勇一搏，但最终在屋大维挺进埃及时自杀身亡。

希律王治下王国

希律王统治期间，王国分为多个大区（région），均由将军统辖，从“将军”（stratège）一词，即可看出这一职衔以军务为主。每个大区下分为多个政区（toparchie），政区则由若干村庄（komai，首领称

"komarque")组成。王国事务则由一位内务大臣(dioikétès)总揽。

希律王的领土范围不仅限于犹地亚,所以称之为犹地亚王国并不确切。所谓"犹地亚",即指犹太人之国,然而王国内的比利亚居住的是阿拉伯人及希腊化的叙利亚人。而下叙利亚地区(Basse-Syrie)的4个政区,也有阿拉伯人、以土利亚人及纳巴泰人杂居。希律王在这些地方安置了犹太移民,以便打击当地盗匪。希律王的王国总人口应有150万,其中耶路撒冷人口占4万—5万。

希律王在罗德岛向屋大维辩护

下完命令之后,希律王启程赶赴罗德岛会见恺撒(屋大维)。希律王下船后将王冠摘下,但依然保持了一贯的雍容气度。当希律王获准面见恺撒时,他更是着力表现出自己高贵的风范。希律王并未如人预料的一般,作乞怜之态,也并未如同犯人一样忏悔不已,而是一一说明自己的所作所为,措辞不卑不亢。希律王对恺撒说,他与安东尼情谊深厚,为了让他获胜,自己已经竭尽所能。然而,由于被阿拉伯人牵制,他无法脱身与安东尼军队会合,但仍然给安东尼送去资金及补给。希律王认为,自己的所为与应尽的义务相比,尚不及万一,因为在对待友人、恩主之时,应当与其同甘共苦,并献出身体、灵魂、财物,而自己的作为仍然不足。但是,至少安东尼在亚克兴战败后,自己并未弃之不顾,幸运之神开始眷顾他人之时,自己也并未变节。对安东尼而言,自己仍是一位得力的盟友,至少是一位明智的顾问。他曾向安东尼指出,如要避免满盘皆输,唯一的自救之法即是让克里奥帕特拉死去。希律王说道:"若除掉克里奥帕特拉,安东尼尚有一丝机会保住自己的帝国,并与你和谈,化解你的敌意。但安东尼一概不听,情愿铤而走险,不但害了自己,还让你得以坐收其利。如今,你若因为与他相为仇雠,便怪罪我忠心事主,那么我对以往的事毫无悔恨,即便让我当众宣布自己对安东尼的情谊,我也不会羞愧。反之,你若愿意摘下面具,看看我如何报答恩主,如何对待朋友,那么在考察过我的所作所为后,你就会了解我的为人。因为于我而言,你与安东尼不过换了一个名字罢了,你将像他一样,欣赏我对你们坚贞的友谊。"

——弗拉维奥·约瑟夫斯《犹太古史》,第15卷,187—193节

希律王军队中的高卢人

在希律王背后,同样有一支规模庞大的军队。这支军队是王权的支柱,希律王曾先后任命多位家族成员担任统帅。约瑟夫斯在叙述希律王的葬礼时,曾提到这支军队。士兵主要由犹太人及希腊人组成,约有两万人,比公元前37年希律王攻占耶路撒冷时集结的兵力少得多。然而,这股军事力量足以对抗国内盗匪(盗匪究竟由哪些人组成,很难明了,其中可能包括因政治及宗教原因起义的势力及农民起义者),也可对纳巴泰等邻国势力发动远征,并支援罗马的军事行动,如公元前25—前23年及公元前14年,希律王曾分别派兵随罗马军团出征阿拉伯半岛及博斯普鲁斯。希律王的援军对罗马而言非常关键,并且军中部分军官是罗马人,部队建制也遵从罗马习惯,而且若无盟军提供后援,罗马根本无法在边境地带作战。罗马不同于各希腊化国家,从不使用雇佣兵,而是长期依赖与本国结盟的君主。希律王因军事才能出众,成为罗马管理东方的得力助手,主要负责支援驻扎叙利亚的4个罗马军团。希律王的军中以希腊化士兵为主(部分为外国雇佣兵,有些来自王国周边区域,有些则来自色雷斯及罗马帝国东部各行省),包括仿照罗马军团组建的重装步兵团一个,以及仿照帕提亚军队以弓箭手组建的轻骑兵团一个。据约瑟夫斯记载,在这些外国雇佣兵及国王亲兵卫队中,有一支400人的高卢人队伍,之前曾为恺撒效力。公元前48—前47年,恺撒将这批高卢兵赠予克里奥帕特拉,直至公元前30年埃及女王自杀前,高卢卫队一直伴随女王左右。之后,这批高卢兵又被屋大维交给希律王,随后一直供希律王驱使,直至他去世。我们难以知晓这支军队在国王身边到底担任何种角色。据记载,公元前35年阿里斯托布鲁斯三世遇刺一事,以及30年后希律王葬礼的送葬队伍中,都有该军队的身影,这也说明高卢卫队中定期有新兵补充。这支军队尤受希律王器重,并受命开展军事殖民,退伍时,士兵还可获得一些土地及农场,并受到优待。这样的体制安排既可促进农业发展,也有利于保卫王国边疆。

奥古斯都及阿格里帕之友

罗马之友希律王："阿格里帕仅次于恺撒（奥古斯都）的至交，恺撒仅次于阿格里帕的至交。"

除阿格里帕外，恺撒对希律王最为敬重；而除恺撒外，阿格里帕最看重与希律王的友谊。

——弗拉维奥·约瑟夫斯《犹太古史》，第 15 卷，361 节

据说，恺撒本人及阿格里帕经常表示，希律王慷慨大度，他的王国配不上他，希律王足以成为整个叙利亚及埃及之王。

——弗拉维奥·约瑟夫斯《犹太古史》，第 16 卷，141 节

奥古斯都出任罗马元首之初，希律王在国内的身份是一位稍显特殊的帝国代表。所有王室标志，希律王应有尽有：绯红色装饰、君王权杖、王冠、军队（军队人数超过了罗马增援军的应有规模）。并且，希律王有权制定征税额，用所征税款支持大规模的建设工程。然而，虽然希律王被任命为王国的终身首领，但仍需服从一些规定，比如只能铸造青铜货币，并且王国臣民除向希律王宣誓效忠外，还须同时效忠罗马皇帝。希律王的外交政策受罗马控制，除非获罗马许可，否则不得在外交事务上自作主张。在统治末期，希律王曾因自行决定对纳巴泰人开战，一度失去奥古斯都的宠信。经过这次教训，希律王方才认识到自己的真实分量。而且，一旦罗马提出要求，希律王必须将军队供罗马支配。公元前 26—前 25 年，罗马将军埃利乌斯·伽路斯远征阿拉伯菲利克斯（今也门）期间，以及公元前 14 年阿格里帕远征博斯普鲁斯之时，希律王都为罗马军团提供了军事援助。

由于史料语焉不详，史学家仍有一个问题还未完全理清，即希律王与叙利亚行省总督的关系。理论上，希律王的王国位于帝国的叙利亚行省，罗马可通过行省总督对当地行使管辖权，所以罗马代表可应希律王之请，介入王国内部事务。由此看来，希律王本人似乎不会有脱离罗马管辖、争取独立之意。对希律王而言，罗马是他对抗内部政敌的坚强后盾，而且希律王与常驻安条克的叙利亚行省总督定期会面，这种安排也表明，奥古斯都有意让两位帝国代表在各项行动中保持一致。奥古斯都甚至进一步让犹太国王参与行省政务。约瑟夫斯如是记载道："奥古斯都还让希律王与叙利亚行省各位长官建立联系，并指示行省长官称，凡事均须征询希律王的意见。"约瑟夫斯甚至写道，在奥古斯都看来，仅让希律王管理犹地亚一地实属屈才。

罗马多次派遣皇室成员担任特使出访犹地亚，希律王则与其中地位最为显赫的马库斯·阿格里帕过从密切，因此希律王与罗马之间并非仅有制度上的往来。希律王之所以能稳坐王位，是因为元首奥古斯都及共治罗马的女婿阿格里帕两人都对他敬重有加。每当希律王与臣民发生冲突，两人都始终站在希律王一边。阿格里帕两次出使东方之际，正是希律王统治的 10 年黄金期，恐怕并非巧合。

公元前 23 或前 22 年，希律王前去拜见阿格里帕。当时，阿格里帕受奥古斯都之命掌管叙利亚行省等东方地区，常驻米蒂利尼。两人可能早在公元前 40 年希律初访罗马时就已相识。至少从约瑟夫斯的记载判断，两人先前可能已经建立了友好关系，不过很难断定那时两人的关系是否亲密。总之，希律王此次米蒂利尼之行，显然是为了向东方的新主人致意。这次会面后不久的一次事件证明了二人关系良好。当时加大拉人派使者前往阿格里帕面前状告希律王，阿格里帕却用锁链捆绑起使者，送到希律王跟前。

公元前 22 年，阿格里帕与茉莉亚成婚，成为奥古斯都的女婿，并与奥古斯都共掌帝国政务。随后阿格里帕返回东方，并在第二次驻扎东方期间，与希律王之间建立了更深的默契。阿格里帕于公元前 15 年下半年抵达叙利亚，随即巡视安条克，并在贝鲁特建立殖民地，之后便接待了希律王的来访。希律王当时迫不及待地想与阿格里帕见面，邀他参观耶路撒冷。希律王在新近竣工的塞巴斯蒂亚、凯撒利亚两座新城中隆重接待阿格里帕，并带他参观新建的宫殿、堡垒。

奥古斯都大型雕像
阿尔勒省立考古博物馆
（M.拉卡诺　摄）

大概在秋季时，希律王又邀阿格里帕来到王国首都耶路撒冷，并参观由他指挥修建的王宫。宫内两座宴会厅分别被命名为"恺撒厅"及"阿格里帕厅"，以向罗马帝国两大领袖致意。阿格里帕受到如此隆重的接待，一方面因其身份尊贵，另一方面也是因主人希律王有意表现自己对阿格里帕的好感与重视。当地民众穿着节日盛装、热烈欢呼，迎接阿格里帕到来。在盛情之下，阿格里帕可能想展现自己的风度，于是赐给城中居民一次宏大的盛宴，又为圣殿捐献财物，并向上帝敬献百牲大祭。然而冬天即将来临，米蒂利尼又有要务须亲自处理，阿格里帕只得结束犹地亚之行。据约瑟夫斯称，阿格里帕辞行时十分不舍。希律王又向他

奉上多份厚礼，阿格里帕登船启程（可能在凯撒利亚）时，犹太王国全国各地的民众前来欢送，并将小树枝扔到他的脚下。

第二年，阿格里帕出师远征，打算在博斯普鲁斯地区重振罗马的统治时，得到希律王的援助。当时博斯普鲁斯首领之妻发动宫廷政变，直接威胁罗马的利益。事情虽很快得以解决，但希律王仍赴黑海南岸与阿格里帕会合。大马士革的尼库拉乌斯当时在场，并将所见记录在《自传》中；约瑟夫斯可能借鉴了尼库拉乌斯的记载，在自己的著作中称犹地亚之王颇得阿格里帕信任，简直无异于心腹谋士。但凡有人想求阿格里帕办事，都须通过希律王的引介，比如希律王曾

屋大维 / 奥古斯都

公元前 63 年 9 月 24 日，屋大维生于韦莱特里（位于拉齐奥附近的阿尔巴山）一个地方贵族家庭。屋大维之父在元老院任职，并娶恺撒的外甥女阿蒂亚为妻。屋大维的父亲英年早逝，留下屋大维和屋大维娅两个子女。因母亲改嫁，年幼的屋大维由祖母，亦即恺撒之姊茱莉亚抚养长大。公元前 51 年，茱莉亚去世，年轻的屋大维第一次在公众面前亮相，宣读葬礼悼词，此后成为恺撒血缘关系最近的亲人。恺撒由于没有男性继承人，便对屋大维赏赉有加，之后又将其收为养子，指定为继承人。公元前 44 年年初，独裁官恺撒将屋大维派到亚得里亚海边的阿波罗尼亚，协助筹备东方的远征行动。同年 3 月 16 或 17 日，屋大维在阿波罗尼亚得知了养父被刺杀的消息，随后返回罗马。

当时，执政官马克·安东尼本以为大局在握，但屋大维的到来打乱了既有的政治格局。恺撒派一度分裂，但很快便重新联合起来，共同对付由西塞罗领导的元老院派，元老院派当时支持刺杀了恺撒的布鲁图斯及卡西乌斯。公元前 43 年年末，屋大维、安东尼及雷必达组成后三头同盟，名义上是为重建共和制，但实际目标是为恺撒报仇。三人恢复了剥夺法律保护权的制度，于是得以用法律手段将西塞罗处死。公元前 42 年腓立比战役中，共和派两大领袖自杀身亡，共和派倒台，但后三头同盟并未就此解散，反而宣布在 5 年后任期结束时续任。三头之一的雷必达很快沦为边缘人物，在公元前 36 年被屋大维彻底排挤出政治舞台，退居小岛。罗马的权力之争从此在屋大维和安东尼之间展开。初期，二人尚能达成一致，并于公元前 40 年秋在布林迪西和谈，首次将罗马一分为二，两人东西分治。安东尼分得东方，并开始与埃及女王接近，而屋大维则着手巩固自己在西方的地位。公元前 39 年底，屋大维与妻子斯博尼娅离婚。斯博尼娅属于庞培家族，此时刚生下屋大维唯一的女儿茱莉亚。屋大维随后欲改娶莉薇娅·杜路希拉为妻。莉薇娅出自显赫的克劳狄家族，当时已有夫婿，而且已怀上第二胎（第一子是未来罗马帝国皇帝提比略）。屋大维要求莉薇娅之夫休妻，又从祭司团处获得迎娶孕妇的许可，于是莉薇娅的第二子德鲁苏斯最终出生在继父家中。当时屋大维正在西西里与庞培家族最后一位统帅塞克斯图斯鏖战，直到 3 年后，即公元前 36 年，阿格里帕在多场海战中获得胜利，这场西西里战争才得以告终。此后，屋大维与安东尼的关系逐渐紧张，安东尼也越发亲近克里奥帕特拉，最终两人兵戎相见。公元前 31 年，亚克兴之战爆发，屋大维获胜。次年，屋大维攻占亚历山大里亚，吞并埃及，终于完成统一之功。安东尼、克里奥帕特拉相继自杀，屋大维从此成为罗马之主。

公元前 29 年，屋大维回到罗马，下令关闭雅努斯神殿大门，表示天下已经重归和平。8 月 13—15 日，屋大维大举庆祝自己在公元前 35—前 34 年的 3 次大捷，即对潘诺尼亚人及达尔马提亚人之战、亚克兴之战、埃及之战。公元前 28 年及前 27 年，屋大维与阿格里帕成为罗马执政，并有意表明纲纪紊乱的时代终于结束，宪政得以复立，共和国已经复兴。屋大维的下一步棋便是建立帝国。公元前 27 年 1 月 13 日，元老院举行了一场值得载入史册的会议。会上，屋大维交还手中所有权力，但元老院拒绝接受，反而授权屋大维执掌各大重要军事行省，并于 3 日之后，授予屋大维"奥古斯都"的尊号。

奥古斯都手中的权力在制度上如何定义？他的政权究竟属于何种性质？学界对这些问题仍然意见不一。自公元前 27 年起，罗马史籍开始围绕奥古斯都的活动撰写，史籍中有关新政权的叙述充满了对王朝未来走向的种种猜测。王位由何人继承成为罗马政治生活的主题，人们更是担心一旦元首去世，随后应该何去何从。公元前 26—前 25 年，奥古斯都在伊比利亚半岛打完一场艰难的战役后返回首都，途中跌下马背。他伤情较重，加之此前在塔拉戈纳时就已患病，大家都认为他可能已经时日无多，奥古斯都本人也开始为王位继承问题做准备。公元前 23 年，皇室内部为争夺继承权阴谋四起、冲突不断，政权一时遭到动摇。直至奥古斯都身体好转，才得以稳定局面，元首的权力也在危机结束后得到增强。不久，奥古斯都的侄儿兼女婿、指定继承人马尔凯路斯英年早逝，奥古斯都只好将掌管东方事务、一度远离朝政的阿格里帕召回罗马，并将新寡的女儿茱莉亚嫁他为妻。阿格里帕与茱莉亚生下盖乌斯与卢修斯后，奥古斯都立即将两个孩子收养，以确保政权的延续。公元前 18 年，奥古斯都偕妻子莉薇娅巡视东方，随后授予阿格里帕与自己同等的权力，并与他共掌帝国政务。次年，两人一同庆祝盛大的罗马百年庆典，宣示黄金时代已然来临。奥古斯都政权达到顶点，公元前 19 年，提比略更是出兵一雪卡莱之耻，将当年克拉苏丢失的军旗带回罗马。

公元前 16—前 13 年，奥古斯都在罗马西部各省巡察了一段时间，一方面重整行省政务，一方面新建殖民地。公元前 13 年 7 月 4 日，奥古斯都回到罗马，元老院为了迎接他，在战神广场修建和平祭坛。这是奥古斯都时期一大标志性建筑，也是罗马王朝的象征。公元前 12 年是奥古斯都统治期的转折点。3 月 6 日，大祭司雷必达逝世，奥古斯都于是顺水推舟，将其教职据为己有，从而巩固自己作为传统宗教复兴者的地位。然而几日后，阿格里帕也离开人世，让奥古斯都如断一臂，因为阿格里帕是罗马军队的主将，也是奥古斯都的主要支持者。诚然，帝国大统已经后继有人，何况自己的妹妹茱莉亚在生下小茱莉亚、阿格里皮娜两女后，又怀上第五胎，即第三子阿格里帕。由于出生时父亲已死，所以男婴名字后方需按惯例加上"波斯图姆斯"（Postumus）一词，故全名为阿格里帕·波斯图姆斯。不过奥古斯都为慎重起见，命令继子中最年长者提比略休妻，改娶自己的女儿，确保发生不测时有人可以临时摄政。

奥古斯都日渐年迈，各派为争夺大位而明争暗斗。不少罗马皇室成员相继死去，种种悲剧接连不断，然而奥古斯都寿数颇长，并未让众多的王位觊觎者得逞。按苏维托尼乌斯及其他古代史学家的话说，奥古斯都这段旷日持久的统治末期，活像一出冗长的悲剧。

公元前 11 年，奥古斯都之姊屋大维娅去世。公元前 9 年，女婿德鲁苏斯死于日耳曼尼亚。而最让奥古斯都痛心之事，莫过于两位养子早逝。两位少年储君，卢修斯于公元前 2 年在马赛去世，更受器重的盖乌斯公元 4 年出征亚美尼亚，战事结束时病逝。此外，另一事件也动摇了政权的稳定。奥古斯都的养子及女婿提比略自

普利马波塔奥古斯都像

阿格里帕雕像
巴黎卢浮宫
（© 法国国家博物馆联合会-大皇宫（卢浮宫）/ Hervé Lewandowski）

愿前往罗德岛隐居，7 年之后，才终于在元首本人要求下返回罗马。提比略暂时退隐一事，折射出罗马皇室中尤利乌斯、克劳狄乌斯两大家族间的冲突，更表明两位少年储君去世后，继承权问题已经导致奥古斯都家中夫妇失和。皇室内部阴谋不断，奥古斯都的家门悲剧丝毫不亚于希律王。公元 4 年，庞培之孙科尔奈利乌斯·秦纳阴谋叛乱，这件事虽因文学作品为人熟知，其实史有其事。不久，马克·安东尼之子及几个罗马年轻贵族卷入一场阴谋，事后奥古斯都被迫将女儿茱莉亚放逐到潘达利亚岛。奥古斯都随即决定，将提比略及自己最小的孙子阿格里帕·波斯图姆斯一并收为养子。

公元前 2 年，元首在主持奥古斯都广场、复仇者玛尔斯神殿落成仪式时，元老院授予他"国父"称号。其中，复仇者玛尔斯神殿是为纪念 40 多年前腓立比战役之夜的恺撒灵魂而建。奥古斯都在位后期，帝国并不太平，比如潘诺尼亚爆发起义，再如公元 9 年，罗马将领瓦卢斯惨败于日耳曼尼亚。每次帝国陷入窘境，提比略都亲赴前线，稳定大局，成为罗马的关键人物。公元 13 年，提比略的职权获得续期，因而继承事宜得以顺利进行。

次年，即公元 14 年 8 月 19 日，奥古斯都在其父位于诺拉的老宅中去世，享年 76 岁。8 月 19 日也是其第一次执政的日期。葬礼备极哀荣，由提比略致悼词。

一位元老甚至表示曾目睹元首灵魂升天。奥古斯都的骨灰安置于战神广场。他生前即在此处修有陵墓，并亲自将几位至亲的骨灰罐放入陵中，不过他的女儿及两个孙子并不在其中。

马库斯·阿格里帕

马库斯·维普萨尼乌斯·阿格里帕生于公元前 64 或前 63 年，与好友屋大维几乎同岁。阿格里帕家族来自意大利中部，祖上无人在罗马担任过官员，可能公元前 1 世纪前后才获得罗马公民身份，因此，阿格里帕被人戏称为"新人"（Homo novus），屡遭罗马贵族的揶揄。阿格里帕年轻时即追随屋大维，并怂恿屋大维继承了恺撒遗产，助他夺取权力。若无阿格里帕的军事才能，屋大维可能永无出头之日。公元前 42 年，阿格里帕参与了腓立比战役，公元前 40 年，屋大维率军在意大利与反对后三头同盟的执政官卢基乌斯·安东尼开战，阿格里帕在攻占佩鲁贾的战役中大显身手，经过此役，屋大维得以铲除卢基乌斯·安东尼的势力。之后，阿格里帕在莱茵河一带声名渐起，并于公元前 38 年平定阿基坦人叛乱。当时，好友屋大维刚刚在西西里兵败于塞克斯图斯·庞培，为了避免触怒屋大维，阿格里帕拒绝庆祝自己的军事胜利。次年（公元前 37 年），阿格里帕重新出任执政官。屋大维自知军事能力欠佳，于是将平定庞培之子的任务交给阿格里帕。阿格里帕首先下令在波左利海湾修造人工港，名尤里乌斯港，并在米列及纳洛丘斯两场海战中取得胜利，公元前 36 年，阿格里帕终于为西西里之战画上句号。公元前 33 年，阿格里帕重返罗马晋升体系（cursus honorum），出任低级政务官。在任期内，阿格里帕实心任事，造福于民，让屋大维获得了民众支持。之后，屋大维便出征讨伐安东尼及克里奥帕特拉。罗马学者普林尼论及阿格里帕出任政务官一事时，称之为"值得纪念的任期"。阿格里帕在亚克兴战役中重掌舰队，公元前 31 年 9 月 2 日，取得安布拉基亚湾大捷，为战事奠定胜局。

公元前 28—前 27 年，阿格里帕连续两年与好友屋大维共同出任执政官。屋大维当时刚从埃及凯旋，并获得奥古斯都的称号。从那时起，阿格里帕便成为元首制新秩序的设计师，他重组行省、规划高卢道路网、在罗马战神广场兴建庙宇（尼普顿巴西利卡、朱里亚选举会场、万神殿）。公元前 23—前 22 年，阿格里帕首次被派往东方。公元前 21 年年末，奥古斯都将女儿茱莉亚嫁给阿格里帕，两人关系从此更加密切。阿格里帕因而获得一些特权，并与奥古斯都共同统治罗马帝国。他不仅将子嗣（其中有少年储君盖乌斯及卢修斯·恺撒）送给奥古斯都收养，以确保帝位后继有人，而且只要形势需要，他即赶赴帝国各个地区执行任务。公元前 19 年，阿格里帕平定坎塔布里叛乱，两世纪前便开始的伊比利亚半岛征服计划至此宣告胜利。之后，阿格里帕在罗马稍作停留，又于公元前 16 年再赴东方，并在此行期间与希律王会面，公元前 14 年，彻底平定博斯普鲁斯叛乱。公元前 13 年，阿格里帕又出征潘诺尼亚，公元前 12 年猝死于坎帕尼亚，为此罗马及奥古斯都一时手足无措。奥古斯都在其葬礼上亲致悼词，并将阿格里帕的骨灰安置于战神广场的帝陵中。凭阿格里帕之力，奥古斯都治下的帝国登上巅峰，帝位也暂时后继有人。

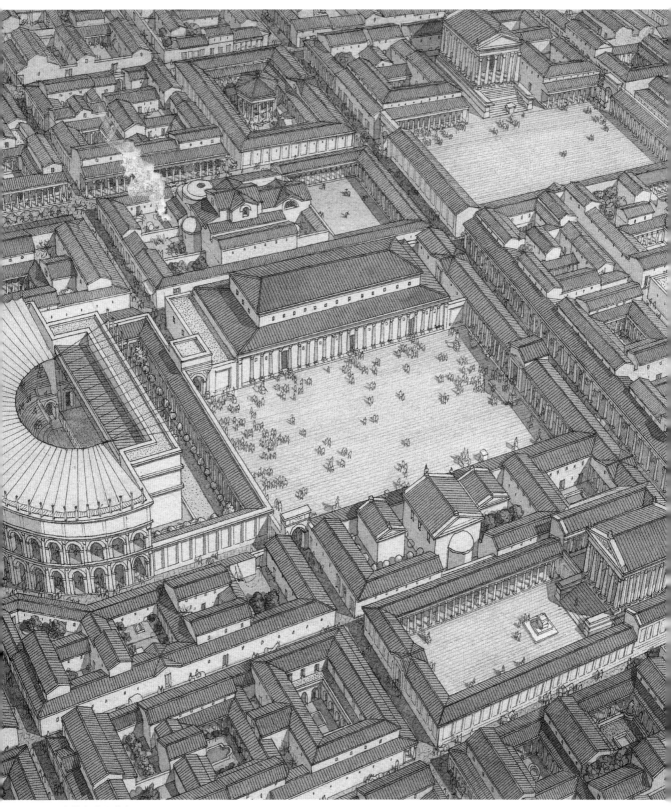

贝鲁特市中心修复图
阿格里帕于公元前 15 年在此建立殖民地

希律王在犹地亚及耶路撒冷接待阿格里帕

希律王做好这些准备后，得知马库斯·阿格里帕又将从意大利远赴小亚细亚，便急忙去与他会面，并邀他来王国一游，以贵客及友人之礼相待。

由于希律王恳求迫切，阿格里帕同意前往犹地亚。希律王为讨得阿格里帕欢心，精心安排，带他参观了新近修建的几座城市。希律王一边向阿格里帕展示城中建筑，一边为来访诸人安排盛大的宴会，宴会地点遍及希律王新建的港城塞巴斯蒂亚与凯撒利亚，以及重金修建的亚历山大堡、希律堡、海尔卡努斯堡等要塞。希律王还将阿格里帕带到耶路撒冷，全城民众盛装上街欢迎阿格里帕。阿格里帕也为上帝敬奉百牲大祭，并为民众举办宴席，而耶路撒冷居民之多，恐怕不亚于世上人口最为众多的大城。就个人而言，阿格里帕本可留下继续享受一番，然而时间紧迫，他认为若等到冬季将至时才启程返回伊奥尼亚，并非谨慎之举。

——弗拉维奥·约瑟夫斯《犹太古史》，第 16 卷，12—15 节

亚历山大里亚的斐洛

公元 40 年，亚历山大里亚的斐洛为给犹太人求情，赴罗马面见卡利古拉皇帝。斐洛提起卡利古拉外祖父阿格里帕曾旅居耶路撒冷，并将此事描述为罗马与犹太人友好关系的佳话：

"我有许多能触动你心弦的话要讲，何必要听取外人的见证呢？在我的祖父希律王统治期间，你的外祖父马库斯·阿格里帕甫至犹地亚，便坚持要到我国内地的都城一游。当他看到圣殿，看到祭司仪态雍容、居民虔心敬神，不由得陶醉其中，因为他感觉自己眼前所见无比高尚，一切言语可以名状之物均不能与之比拟。阿格里帕与其亲随交谈时，始终在赞美圣殿，或谈与圣殿相关之事。阿格里帕为表达对希律王的敬重，在城中小住，其间，每日都去圣殿参观，醉心于圣殿的建筑风格，观看祭祀、仪典、祭拜流程，欣赏身着神圣装束的大祭司在主持典礼时显现出的庄严气度。阿格里帕给圣殿捐献还愿物时，但凡圣殿可收之物，无所不献，又在不逾法度的前提下，让民众备受他的恩典厚意。阿格里帕赞颂希律王，希律王也加倍称颂他，之后，耶路撒冷全城居民乃至全国居民，都来欢送阿格里帕，直至港口为止。人们纷纷向他脚边抛小树枝，满怀敬意，感戴其虔诚之心。"

——斐洛《派遣往见卡利古拉皇帝的使节》，294—297 节

为伊利昂的希腊人说情，并获得成功。另外，据约瑟夫斯所言，后来大马士革的尼库拉乌斯前往萨摩斯岛为伊奥尼亚的犹太人说情，之所以非常顺利，也主要是由于希律王的特权地位及其与阿格里帕的深厚友谊。此外还有一事最能证明希律王与阿格里帕之间的友谊与信赖：公元前 13 年春，阿格里帕启程返回罗马，希律王前去拜会时，将自己的孙子托付给他。

在此之后，二人大概再未会面，但希律王仍多次向阿格里帕表达敬意。希律王之孙取名阿格里帕，安塞东城也更名阿格里帕，希律王还令人在圣殿大门上刻写阿格里帕的名字。希律王一番良苦用心没有白费，据约瑟夫斯记载，希律王获准自称"阿格里帕仅次于奥古斯都的至交，奥古斯都仅次于阿格里帕的至交"。诚然，我们应考虑到，约瑟夫斯的记载大量引自尼库拉乌斯，而尼库拉乌斯是希律王的御用文人，叙述中难免有美化事实之嫌。然而，约瑟夫斯的记载大致符合我们对希律王时代的了解。公元前 23 年—前13 年，这 10 年中罗马在叙利亚行省未曾任命一位总督，行省由奥古斯都和共同执政的阿格里帕直接管理。在约瑟夫斯笔下，奥古斯都之所以要求希律王正式参与大政要务的决策，是想通过主动让他参与行省政务的方式，将犹地亚堂而皇之地整合进罗马帝国。此外，这 10 年大概与凯撒利亚的建造时期吻合，而这座海港正是为提高希律王在东方的政治及经济地位而建。这10 年显然是希律王在位以来最富成就的时期，而阿格里帕到访耶路撒冷无疑标志着希律王走上权力的顶峰。几十年之后，当亚历山大里亚的斐洛赴罗马皇帝御前执行使命时，便提到卡利古拉之外祖父阿格里帕曾驻留耶路撒冷，并将其描绘成罗马与犹太人友好关系的佳话。虽然这 10 年中，阿格里帕征南逐北，与希律王仅是偶尔会面，但各类史料均表明，二人长年互派信使，沟通从未断绝。双方不但默契颇深，而且互相信

现存的万神殿为皇帝哈德良所重建，他坚持要在下楣上保留此建筑第一位建造者马库斯·阿格里帕的题字

赖，友谊深厚。因此，两人在市政建设中的某些相似之处，应当颇有研究价值。公元前12年阿格里帕去世，是对希律王的一次沉重打击。正是自那时起，他与罗马帝国间的关系开始紧张。首先让罗马感到忧虑的，就是希律王家室内部骨肉相残、宫闱之中刀光剑影。在奥古斯都心中，希律王的地位日渐衰落。

但对希律王及奥古斯都之间关系的具体情况，我们知之甚少。能引证的文献，只有罗马学者马克罗比乌斯记载的这句奥古斯都的名言，它读来有些绝情："宁做希律王的猪，不做希律王的儿子。"（ Melius est Herodis porcum esse quam filium. ）希律王残杀子嗣的行径着实让奥古斯都震怒。长期以来，王位继承问题导致犹地亚风波不断，希律王或某些宫廷成员整日猜忌多疑，种种事件让奥古斯都既感厌倦又觉恼火，可能在某日发出了这句感慨。不过，马克罗比乌斯本人嗜用类似的表达手法，而且这句带刺的话语若是脱离语境，还可作多种解读。尤其这句话最初是用希腊语记录的，可能纯属文字游戏而已，何况此类谈笑在古典文学中并不罕见。事实上，奥古斯都一向对希律王信任有加：每逢有政敌对他发难，希律王总能前往罗马自我辩护，而且我们可以断言，每次罗马皇帝都认为希律王占理。奥古斯都这句感言，尤其反映出他其实非常关注希律王的身边事，并希望犹太王国能够维持稳定。

希律王自从在罗德岛表示诚心归顺、效忠帝廷后，便成为罗马各个藩属国王中的模范。希律王可能还获准监督罗马派驻叙利亚的各个行省财务官（procurateur，掌管元首在叙利亚行省境内的财产），虽未获得某项具体的职权，但这些都证明奥古斯都对他的信任。虽说希律王从未以犹太人之王或犹地亚之王的头衔自居，但这可能是因希律王（或其他人认为）以自己之才能，足可将威望扩展到封地之外。在如此背景下，马克罗比乌斯的记载，尤其反映出奥古斯都密切关注希律王身边的动向，尤其两个家族之间的联系日渐亲密。比如莉薇娅常向希律王之妹莎乐美提供各种建议，莎乐美作为耶路撒冷王廷的女主人，对莉薇娅可谓言听计从。

继罗德岛会晤后，奥古斯都在公元前22—前19年与莉薇娅巡察东方，再次与希律王见面。犹地亚之王一如既往，殷勤接待了皇帝夫妇。之后，希律王又两度赴罗马朝见，第一次在公元前18—前16年之间，第二次在公元前12年，约在阿格里帕去世后不久。希律王在罗马之行期间，特别将子嗣的教育事宜托付给奥古斯都一家。首先于公元前24—前23年及公元前17年，将与米利暗所生两子亚历山大、阿里斯托布鲁斯送到罗马，后又将其他四子先后送去，即与撒马利亚籍妻子玛提丝所生的亚基老、安提帕斯两人，以及与耶路撒冷的克里奥帕特拉所生的希律、腓力两人。

47

阿格里帕、希律王的黑海及亚洲之行：远征博斯普鲁斯

希律王在国内度过冬季后，迫不及待地于开春时（公元前14年）前去拜见阿格里帕，因为希律王已知晓阿格里帕决定远征博斯普鲁斯。希律王乘船途经罗德岛和科斯岛，向莱斯沃斯岛方向驶去，希望追上阿格里帕。然而，由于北风强劲，船只无法继续航行，希律王便在希俄斯停留数日。其间热情接待了许多来访者，并以厚礼相赠。希律王发现希俄斯的柱廊已在米特里达梯战争期间坍塌，建筑原貌宏大美观，实难修复。希律王于是出资复建柱廊，所捐财物甚至超过所需，以确保工程得以完成。希律王还建议立刻开工，不再拖延，尽快让这座独特的建筑在希俄斯重现。风停后，希律王先抵达米蒂利尼，后又赴拜占庭，得知阿格里帕已越过库阿涅山岩（博斯普鲁斯入海口）后，希律王急忙扬帆直追。在锡诺普附近，他终于追上阿格里帕。阿格里帕事先不知希律王要来，见到船队，满心欢喜地前去迎接。他见希律王如此真情实意，抛下自己的事务及王国的治理，不远万里来援助自己，便与其拥抱致意。远征期间，希律王在阿格里帕身边鞍前马后，操持各类事情，在公务中当助手，在私事中当顾问，休息时也是阿格里帕的知心好友。他是唯一能与阿格里帕同甘共苦、共患难之人。阿格里帕此次远征是为处理本都王国事务，任务完成后，他与希律王决定返程不走海路。他们穿过帕夫拉戈尼亚及卡帕多细亚，经过弗里吉亚，又至以弗所，在此重新登船驶向萨摩斯岛。沿途经过每个城市时，希律王都根据当地人之所需，慷慨施舍。就希律王个人而言，他从不拒绝他人的赠予及款待，但自己出资偿付花销费用，希律王还为那些想求阿格里帕办事之人充当引见人，让所有人都得偿所愿，心满意足。阿格里帕也同样德行高尚、慷慨大方，而且有心想在广施恩惠的同时，又不至冷落部分人。由于他本来就想笼络人心，又受希律王劝导，因而屡屡慷慨解囊、捐款行善。希律王凭借这种手段，让阿格里帕与伊利昂人重归于好，又免除了希俄斯居民欠罗马行省财务官的税赋，类似的例子仍有许多，希律王总是根据各人之需，热情相助。

——弗拉维奥·约瑟夫斯《犹太古史》，第16卷，16—26节

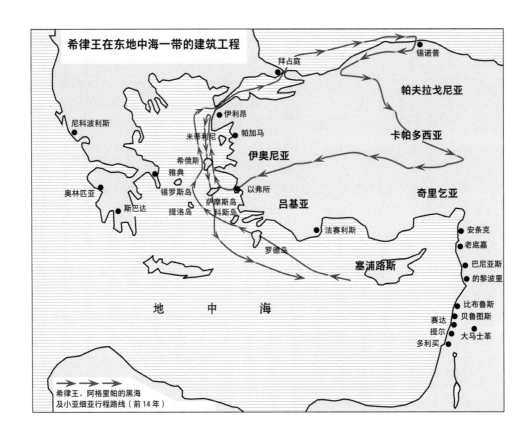

希律王第一任妻子多丽所生的长子安提帕特，也于公元前 14 年及公元前 7 年两赴罗马。遣派子嗣赴罗马是帝国宗藩体系的关键政策，各藩属国储君在幼年或青少年时期，往往被派往罗马宫廷生活若干年。就罗马而言，各国储君长期在罗马居住，必能深受罗马文化渐染，而元首更可以借此确保各藩属国君主不生异心，何况各国君主也会定期前往首都亲自朝见。另外，藩属王均能获授罗马公民权，因而为双方关系的稳固又加一层保障。奥古斯都还尽力促成各藩属王子女间通婚，让各王室家族相互联结，加固彼此关系，从而慢慢形成一张忠实于奥古斯都家族的关系网络。希律家族正是其中的典型。希律王之子亚历山大娶卡帕多细亚国王阿基劳斯之女贝蕾妮丝为妻，阿基劳斯也多次介入希律王的家庭事务，以亲家身份，试图缓和希律王父子间的关系。奥古斯都有时还亲自出面，瞒着希律王调解他的家庭内斗。不过，但凡纠纷涉及希律王本人，奥古斯都每次最终都会站在希律王一边。

希律王的忠心的确从未动摇。其兴建的许多王室建筑以罗马皇帝或皇室成员的名字命名。而且希律王还是罗马的一大政治宣传媒介，大力推广皇室崇拜，不但在非犹太地区如此，在犹太王国内亦如此：不论是在不实行犹太律法的凯撒利亚，还是在塞巴斯蒂亚、巴尼亚斯等地，希律王建起一座座用于礼敬罗马皇室的神殿。希律王的种种行为，都在表明自己与帝国元首之间的关系非同一般。

由于希律王家族同罗马皇室保持着多方面的私人关系，希律王的各项政策更易推行。希律王交结外族强国，利用外族保障犹地亚的独立与安全，这样的做法引起犹太贵族反对。希律王为了说服众人，常援引

马加比王朝故事，称当时犹太人曾借罗马之力对抗塞琉古帝国。希律王告诉众人，奥古斯都比居鲁士更友善，居鲁士当时虽解放了犹太俘虏，但随后便对犹太人重建圣殿加以限制。此外，希律王还将波斯阿契美尼德王朝与罗马对比，称波斯强迫犹太人臣服，罗马则与犹太人友好相待，并说犹太人与罗马人的友谊是上帝的恩赐。

双重面孔：希腊化君主、犹太人之王

希腊化君主

希律王在以土买出生，信仰犹太教，接受希腊化教育，在位期间，处处表现自己的希腊文化情结，并在诸多方面都以真正的希腊君主自居。犹太王国的组织结构与其各个邻国一样，王室象征有三项：头饰（象征竞技胜利的布带，钱币上希律王头像中可看到这种头饰）、权杖、绯红色装饰。此外，众多史料均表明，希律王醉心于希腊文化，包括东地中海整个希腊化地区的文化。他建造新城时，均按希腊传统修建各类表演场所，并资助各种竞技比赛（如奥林匹亚运动会），还以希腊人的方式举办庆祝活动。公元前 27 年，希律王在耶路撒冷组织亚克兴运动会时，他按照希腊传统让运动员裸身参赛，令当地居民大为震撼。在整个希腊化东方世界，人们四处称颂希律王的善举，安条克、罗德岛、希俄斯、萨摩斯岛、别迦摩、斯巴达、雅典等地纷纷修建起希律王的雕像，感戴他

希律王维护犹太人利益

在由罗马共同执政人[4]召开的审判会议上，犹太民众的发言人上前陈词，共同执政人听完后，还未让希腊人发言，即直接判定犹太人一方有理，并认可犹太人应享的优待条件。

因他们（希律王及阿格里帕）当时在伊奥尼亚，居住当地的大批犹太人便借此机会来到阿格里帕面前诉苦。他们向他讲述遭受的种种不公待遇，如法官无视犹太习俗，让犹太人不能遵守犹太律法，被迫在节日期间进行诉讼；又如犹太人为耶路撒冷城存下的钱财被没收充公，还被迫服军役、缴纳公共开支，不得已只能动用圣金，而罗马人一向免除犹太人这类负担，允许犹太人按照特殊的犹太律法生活。希律王看到犹太人抗议，便请求阿格里帕听取众人的申诉，甚至请友人尼库拉乌斯前往斡旋，支持犹太人的请求。

——弗拉维奥·约瑟夫斯《犹太古史》，第 16 卷，27—30 节

的恩德。希律王还为众多神殿庙宇慷慨解囊，如资助罗德岛阿波罗神殿工程，又主持建造多座"塞巴斯蒂亚"神殿，此举可解读为推广皇室崇拜的前奏，亦与希腊式王政理念一脉相承。同样，希律王在即位满周年时举办庆祝仪式，设立由希腊化精英群体参与的节日，并推行广建城市的希腊式政策，他的种种做法，都符合亚历山大大帝以来便根植于东方传统、特别是塞琉古王朝传统中的希腊化王朝理念。

希律王与塞琉古王朝君主一样，在建造城市及各类宏伟建筑时，不忘向家族成员致敬。位于耶路撒冷与凯撒利亚间的安提帕底堡，是为纪念希律王之父所建；约旦河谷中的法撒勒堡，是为纪念其兄弟所建；耶利哥附近一座堡垒也以其母塞浦路斯之名命名。至于建在海边的凯撒利亚，犹太居民处于少数，因而更是集中展现了希腊文化的所有元素，体现出希律王浓厚的希腊情结。希律王计划将凯撒利亚作为王国首都，因而仿照希腊式都城的典范亚历山大里亚加以规划。为纪念奥古斯都，撒马利亚更名"塞巴斯蒂亚"。希律王还让希腊人及各族老兵迁居城中，城里主要供奉奥古斯都，同时也供奉希腊女神珀耳塞福涅。

希律王的乐善好施既是政治需要使然，也符合他注重扩大自身威望的政策。这种乐善好施其实是表明自己服从罗马统治的一种方式，也是希律王融入罗马帝国的证明。他之所以为部分城市慷慨解囊，并非由于其中住有犹太群体，比如亚历山大里亚也有众多犹太人居住，但希律王从未向亚历山大里亚捐赠一分一毫。希律王在面对本国臣民时，也极力想将自己塑造成希腊式君主，即热衷公益事业、扶危济困，并能保护人民不受盗匪之患。每逢困难时期，希律王便为人民免除赋税，如遇灾害或饥馑，则出资赈济百姓。公元前23年，犹地亚大旱，希律王对灾情处理得当，成功尽到保护臣民的义务。他赈灾济民的做法，与罗马的奥古斯都颇为相似。

在犹太王国内，希律王也向来谨慎行事。不论耶路撒冷王宫或是马萨达宫，装饰中均未使用人像，说明希律王虽然心向希腊，却并未逾越犹太传统的规范。但在王国钱币上刻有与当时各国君主相同的丰裕之角、王冠、头盔、盾牌等图案，铭文亦用希腊文，哈斯蒙尼王朝双语铭文的传统很早便遭到舍弃。另外，希律王仅使用希腊文名"希律"（Herodes），至于王号，也仅用"巴赛勒斯"（basileus）头衔，即希腊文"国王"之义。

在希律王的各个行政机构中，都有希腊人的身影。至于希律王身边的亲信，由于史料有限，我们只有模糊的认识，不过既然大马士革的尼库拉乌斯这样的人物可成为王家近侍，足可反映出希律王的希腊情结。希律王的宫廷中不乏文士，其中部分人因参与宫廷阴谋而为人所知，还有部分人曾在埃及宫廷效力，他们在克里奥帕特拉失势后离开亚历山大里亚。希律王的宫廷氛围与亚历山大大帝以来的各个希腊化朝廷颇为相似，另外罗马宫廷中也有类似交际圈，以波里奥、梅萨拉、梅塞纳斯等几位人物为中心。

双面国王

然而，希律王也想在臣民面前塑造犹太王的形象。前文曾提到希律王是位"双面王"，也正缘于此，他时常遭受自己臣民的误解。

罗马经过连年开疆拓土后，决定复立大卫之国，于是将巴勒斯坦全境、约旦河东岸地区等广阔土地交给希律王管辖。但对渴望独立建国的犹太人而言，新王国和大卫之国毫不相关，希律王并未复兴雅威应许的犹太王国。尽管希律王不断利用政治宣传，竭力表明自己与大卫王命运相似，但最终仍难以获得承认，究其原因，可能是由于他得位不正，又出身外邦，而且政治立场也不得人心。希律之所以能够取代哈斯蒙尼家族，全仗罗马之力。由此观之，希律王颇像是篡位者。至于哈斯蒙尼家族，虽说受到部分犹太祭司贵族诟病反对，最终却成为某种犹太民族主义的象征。考虑到这些，也就不难理解希律王对待哈斯蒙尼家族的态度，即首先尝试让其融入自己的朝廷，见计划不成，又将其赶尽杀绝。除此之外，希律王更是因血统不纯而屡遭非议，因为希律一家本非犹太人，其母为阿拉伯公主。出身外族是希律王一大劣势，所以他篡改家史、大肆宣传祖上血统纯正的行为也就顺理成章了。最后，希律王接受希腊教育，成长环境中处处有希腊文化的印记。他对史学、哲学、修辞学颇感兴趣，还打算编写回忆录，并注重身心双重培养，凡此种种，甚至体现在建筑设计上。希律王的建筑中，体育场与竞技场并立一处，剧院与图书馆合二为一，而耶利哥的一座建筑更是兼具剧场与战车竞技场功能。在约瑟夫斯笔下，希律王自认同犹太人相比，自己与希腊人更为亲近。他历任妻子及各个子女均取希腊名字，亲信为希腊人，手下臣僚也大力宣扬希腊文化。

在某种意义上，希律王可谓是自己王国中的外地人。为获得臣民认可，他往往须要塑造另一副面孔，并为此加倍卖力地实行各类举措，开展政治宣传。比如以弗所、昔兰尼等地犹太人的宗教自由受到威胁时，希律王便在阿格里帕面前为其请命。这些事实表明，希律王着意向哈斯蒙尼王朝靠拢，将自己塑造成各地犹太族群利益的保护人。但即便在维护犹太人利益时，希律王的行事作风也颇具希腊风格，比如十分重视民众生活。他曾为许多城市捐献善款，这些城市遍及叙利亚、腓尼基、吕基亚、西西里、爱琴海诸岛等地，甚至有些还在更往西的斯巴达、雅典、尼科波利斯等处。上述各地的确往往有犹太聚居地，但有时也并无犹太人出没。归根结底，这些城市终究是希腊城市，不过希律王依然愿意慷慨捐资，从而获得赞誉。另外，各地犹太人因受希腊文化熏陶，逐渐融入当地生活，所以与希腊族群的关系良好，完全谈不上有何敌对之意。

但在犹地亚地区，犹太事务则是国家大政的重心，比如希律王登基初期，让耶路撒冷的所罗门圣殿免遭被毁坏的命运。几年后，即公元前23年，他又开始重建圣殿，并亲自出资。此举无疑是他一次成功争取民意的行动，是一项名副其实的宗教外交行动，在政治宣传中自然要对此大加宣扬。公元前11年，更是举办了宏大的圣殿落成仪式。一方面，希律王必须对内安抚王国臣民，以免其希腊化政策以及与罗马的紧密关系引发不满；另一方面，还需消除外邦犹太族群对他的质疑，证明自己完全忠于犹太律法。通过重建圣殿，希律王可以彰显自己敬神的诚意，不过圣殿工程也远非单纯的政治行为，因为对上帝的信仰被置于一切政治考量之上。希律王将修复工程委托给1000名祭司，这些祭司先是接受了砖石、泥瓦、木工等工作的培训，之后，再由祭司指挥10000名工人复建圣殿。这些数字值得引起人们注意。因为希律王大兴土木的政策，正如奥古斯都在罗马所做的一样，为大量人口创造了就业。考虑到耶路撒冷乃至整个王国人口繁多，希律王这一政策的影响尤其重大。当我们探讨希律王在臣民心中的形象时，这些事实不可忽略，因为史料总是提及希律王的反对者，但大部分时候那指的是犹太贵族及祭司贵族代表。

虽然圣殿工程是自己主持的，希律王却谨遵犹太教律中的纯洁性教义，与工程保持距离，并希望犹太律法能得以严格执行。他大谈上帝及犹太宗教，竭力塑造自己的犹太人形象。希律王宣扬弥撒亚降临说，称自己蒙受天选，一直由上帝护佑，上帝屡次将自己从困境中拯救出来，并将胜利赐予自己。这类内容在希律王的演说中反复出现，在军前演讲中尤多。他认为自己担任犹太国王合理合法，是大卫王真正的继承人，并在上帝庇护下，重建大卫王国。希律王有意将圣殿落成的日期定于自己登基的周年纪念日。此外，

乐善好施的希律王

希律王不但兴办众多建筑工程，还为国外许多城市慷慨解囊。他出资在特里波利斯、大马士革、多利买修建体育场，在比布鲁斯修建围墙，在贝利图斯及提尔修建谈话室、柱廊、神殿、集市，在赛达及大马士革修建剧场，在滨海的老底嘉修建输水道，在阿什凯隆修建浴池、豪华的喷泉以及宏大优美的柱廊，此外还在其他城市修建公园及绿地。许多城市都从希律王处获得土地，就好像这些城市属于犹太王国一般。其他地方如科斯岛，则永久获得每年由希律王选派的体育监理官（gymnasiarchies）及体育事业经费，希律王以自己的地租收益作为费用保障，使该地永享此项殊荣。希律王将小麦分给所有需要的人，多次将大额资金赠予罗德岛居民建造船只，并且当皮提翁被烧毁时，希律王出资重建，新城规模竟超过火灾之前。至于他向吕基亚人及萨摩斯岛人赐赠厚礼，在伊奥尼亚各地根据居民的需要而慷慨解囊，这种种善举还有必要一一赘述吗？雅典人、斯巴达人、尼科波利斯居民、密细亚的帕加马人，不是也收到过希律王丰厚的馈赠？叙利亚的安条克大街，曾因泥泞不堪而无人问津，难道不是希律王出资，为20斯达地[5]的路面铺上光滑的大理石板，并在路旁全程修建柱廊，好让散步者可以避雨吗？

——弗拉维奥·约瑟夫斯《犹太战史》，第1卷，422—425节

［双页］
安条克复原图

51

希律王时代钱币: 希腊君主标志

（让-克劳德·戈尔万绘）

　　钱币是了解希律王及其王朝的主要一手史料，也是分析其政治宣传内容的重要依据。在希律王时代，为遵循犹太传统，王国钱币上没有任何头像图案，而是雕有植物图案或其他王权象征符号，通常直接搬其他希腊化国王的标志，如丰裕之角、头盔、船只等，分别象征农业兴旺、军事胜利、海路开放（可能指滨海城市凯撒利亚的建设工程）。钱币上也有犹太标志，如七权烛台或耶路撒冷圣殿的三角形祭台。在各类钱币图案中，有一种雄鹰图案最令人玩味。这一图案让人联想到希律王在统治后期，曾命人于神殿门前立起金鹰雕像，正是这座雕像引发犹太青年暴动。但希律王此举可能并非是想故意激怒犹太民众，正如某些人所说，他不过是为模仿其他国家，或是参照圣经记载，想回归所罗门时代的统治模式。若希律王能有一幅肖像留存于世，他的样貌也能为世人所知，可惜事与愿违。希律王确实不愿违背犹太律法，故而王国并无他的雕像，但在王国之外，众多有关希律王的献词都证明，确有犹地亚之王的雕像存在。若弗拉维奥·约瑟夫斯之言可信，那么希律王并非不愿追求这样的荣誉。在赛亚、哈乌兰、科斯岛、雅典卫城等许多地方，不少残留的雕像底座上刻有纪念希律王的铭文，而雕像早已无存。

　　希律王发行货币，大多是为了满足经济需要，亦即支付军饷，或向市政工程的工人发放工资，唯独公元前37年，希律王为纪念征服耶路撒冷之战，铸造过一批带有政治意味及宣传色彩的钱币。

希律王的军事才能

　　希律王不但天资聪颖，而且身体强健。他娴于骑马，总能在狩猎时脱颖而出。王国盛产野猪、鹿、野驴，希律王曾在一天之内杀死40头野兽。同时，他还是一名无人能敌的战士。他在操练时，投枪、射箭均精准无比，让围观者叹为观止。希律王不但智勇双全，而且运气颇佳，他很少战败，即便失利也是因他人背叛，或因士兵鲁莽冒进所致，而非其本人的过失。

——弗拉维奥·约瑟夫斯《犹太战史》，第1卷，429—430节

他还命人在大卫墓上修建纪念碑，不过此举遭到政敌指责，称他亵渎坟墓。希律王在希伯伦也修造了一座神祠，用以纪念犹太人的祖先。

在不同时期，希律王与犹太各教派的关系表现不一。撒都该派是犹太精英群体，但很快衰落，被希律王组织的其他精英团体取代。希律王虽说与艾赛尼派一直关系良好，奇怪的是他与法利赛人的关系却复杂而多变。最初，由于希律王无心争取大祭司之位，因而法利赛人对他担任犹太首领并无异议；很快法利赛人便大失所望，因为他们察觉到希律王仅将大祭司视作自己的权力工具，在任命人选时全凭个人好恶。确实，希律王登上王位后，任意安排大祭司人选，导致更替频繁。希律王所选之人，或者身份不明，或者并无威望，而且常常来自王国以外的犹太族群，所以大祭司注定只是国王手中的棋子而已。阿里斯托布鲁斯三世是最后一位觊觎大祭司宝座的哈斯蒙尼，希律王将其铲除后，便得以自由任命大祭司。希律王让教权听命于王权，而罗马犹太人之所以直到最后仍支持希律王，是因为他们看待犹太教的方式与其他犹太人不同。罗马犹太人注重宗教的精神层面及普世价值，而不关注犹太教的政治理想及诉求。至于法利赛人，情况则大不相同。希律王在统治末期时，与法利赛人进一步交恶：一方面，法利赛人拒绝对希律王宣誓效忠；另一方面，圣殿门前立起象征罗马统治的金鹰雕像后，一些犹太青年（可能是贵族）大为震怒，认为此举触犯摩西律法，群起发难。希律王在去世前一天血腥镇压了这次暴动。至于金鹰事件中希律王是否有意触怒犹太人，我们不得而知，但据猜测，希律王事先并未料到人们的反应会如此激烈。金鹰事件让希律王时代末期显得更为黑暗，而福音书中之所以插入希律王屠杀婴儿的情节，可能也由此而来。

尽管如此，希律王始终坚持按照犹太律法的纯洁性教义生活，不做触犯律法之事。马萨达曾出土一件双耳尖底瓮，上书"希律王"（Rex Herodes iudaicus）字样，瓮中装有意大利进口的高级葡萄酒或鱼酱（garum）等奢侈品，但其宫殿壁画及镶嵌画的装饰图案主要为几何状及花纹状，并无个人肖像。此外，在日常开销中，希律王还非常小心地遵守惯例，并时刻提醒自己切勿一时不慎，兴起个人崇拜之风。他实行多妻制可能让罗马人惊讶，但此举并不违犯犹太律法。可是，即便希律王再注意遵守教规，许多臣民仍然认为

他对教义的践行太过肤浅。无怪乎希腊史学家斯特拉波写道，犹太人憎恨希律王，虽然其见解亦不可全盘相信。然而，希律王建在死海两岸的马萨达宫、马卡鲁斯堡两座宅邸，均远离主要人口聚居地。历史学家猜测，希律王之所以修造堡垒防御体系，或更多是为防范内部威胁，而非为抵御外敌。其实，希律王之所以形象不佳，饱受憎恶，主要还是因他对家人太过残暴所致。

王朝的悲剧

一位君主，在30年内先后处决了妻子的外祖父、自己的岳母、两位妻弟、一位舅父、一位妻子、三个儿子，无论当代人还是后代人，都难免将他视作嗜血成性的暴君，而非英明之主。希律王最饱受诟病的一点，便是他虐待家中有哈斯蒙尼血统的成员，残害第二任妻子米利暗，以及自己与米利暗所生的亚历山大、阿里斯托布鲁斯两子。公元前37年，希律王迎娶阿里斯托布鲁斯二世之孙女、海尔卡努斯二世之外孙女米利暗。尽管两人婚后感情良好，但希律王因曾与米利暗的父母及兄弟争夺王位，因而始终对妻子怀有戒心。希律王的亲妹妹莎乐美十分仇视这位来自哈斯蒙尼家族的嫂子及她所生子嗣，更加深了希律王对米利暗的猜忌。莎乐美当时是名副其实的宫廷之主，不但自己接连制造阴谋，更整日怀疑四周的人都想密谋作乱。由于很多犹太人认为希律王得位不正，因此希律王非常担心家族内部有人将自己取而代之，比如某些出身更为正统之人，或某些更受人民同情甚至拥戴之人。希律王很快陷入被害妄想之中，从而犯下惨绝人寰的恶行。

公元前35年，希律王制造意外溺亡的假象，铲除了米利暗之弟阿里斯托布鲁斯三世。希律王曾承诺让他执掌大祭司之职，但阿里斯托布鲁斯威望日盛，引起希律王顾虑。公元前30年，在赴萨摩斯岛前不久，希律王又处决了对自己已不构成威胁的海尔卡努斯二世。从萨摩斯岛返回后，希律王再次大开杀戒。公元前28年，他听到有人谋反的传言，便处决几名亲信顾问及岳母亚历山德拉。他又从莎乐美处听说米利暗正在密谋造反，便将妻子处死，之后懊悔不已。正是因杀妻之故，希律王与米利暗所生两子屡屡发生摩擦，父子对峙的情况引发种种风波，甚至罗马最高层也被惊动，因而介入其间调解矛盾。米利暗两子曾在罗马接受教育，奥古斯都大概是同情两位年轻王子，

公元前31年出征阿拉伯部落前希律王的军前演讲

　　各位朋友，我当然知道我军近来历经坎坷、屡遭挫折，在如此情形下，即便最为坚毅之人也很难保持勇气。然而，因战事紧迫，而且只需一场胜利，便可补救我们历次失败中的任何一次，所以我愿和你们说几句激励之语，并告知各位，你们仍能不愧对你们那生而伟大的灵魂……你们见识过阿拉伯人如何阴险狡诈，他们生性野蛮，不信上帝，而且背信弃义，贪婪善妒，尤其喜欢侵扰我国，并会乘人之危，发动突袭……既然上帝认为傲慢、不义是可憎之举，那么这场正义且必要的战争即将开始之际，你们还会质疑是否应当惩罚这些不信上帝之人吗？他们曾割断我国使者的喉咙，无论在希腊人还是野蛮人眼中，这种行径都可谓罪大恶极。希腊人宣称使者神圣不可侵犯，至于我族，则正是通过上天的使者，从上帝处获得至善的教义及律法。单是使者这一名称，便可让上帝现身世人面前，化解战争。还有什么罪孽能大过杀害为正义前来谈判的使者呢？犯下如此罪孽之人，如何还能继续过着丰裕的生活，并在战争中获胜呢？在我看来绝不可能。或许有人说，虽然律法与正义站在我国一方，但敌人在勇气及人数上占据上风。宣扬此种言论之人，便是亵渎宗教之人，因为上帝必然站在正义者一方，哪里有上帝，哪里就有勇气和千军万马……若是上帝有意让我们吃些苦头，那么他应已心满意足并就此收手。假如上帝真心有意要我们受尽苦难，那他降下的灾祸必不会仅有这些而已。上帝已亲自为我们降下征兆，表明他希望开战，并认为这是正义之战。先前国中地震，导致一些人丧生，军中将士却毫发无伤，你们全部得救。上帝正是借此说明，即便各位与妻儿同赴战场，也不会有任何无法挽回的损失。现在各位已深刻了解这些事实，且明白无论发生何事，上帝总会庇护大家。前进吧，在心中燃起正义之火，对抗那些背叛友谊、善用诈术、亵渎使者之徒。在你们的勇气面前，这些人从来不是对手。

——弗拉维奥·约瑟夫斯《犹太古史》，第15卷，127—146节

　　因此长年来，奥古斯都曾多次介入希律王家事，试图缓和两方关系。但是当希律王再次找出对两子不利的新证据时，奥古斯都无奈地最终同意处决两人。公元前7年，两位王子被处决。从此，希律王镇压政敌的手段再无任何底线可言，罗马方面对此感到绝望，意识到希律王恐怕难以再稳坐王位。希律王的宫廷变成恐怖、残酷、死亡的代名词。约瑟夫斯记载，希律王在位末期，宫廷内人人自危，这位独夫也患上恶疾，日渐衰弱，神志不清。两年前，希律王由于擅作主张，私自出兵特拉可尼剿匪，险些遭奥古斯都处死。多亏大马士革的尼库拉乌斯为他辩护，希律王方才免遭厄运，之前指责希律王背叛罗马的人也得以受到处罚。

　　希律王过分害怕失去王位，担心遭人谋杀，乃至产生被害妄想。从那时起，他便开始要求臣民对自己宣誓效忠，法利赛人则愈加反对希律王，他们获得了大量群众的支持，其反抗活动也因而兼具宗教、社会、政治色彩。经过"金鹰事件"并处决青年犹太贵族事件后，希律王已被臣民视作洪水猛兽。而他的暴行不止于此，处死安提帕特才是这场惨剧的高潮。安提帕特是希律王的长子，由第一任妻子多丽所生，当时米利暗所生两子已死，安提帕特便成为最有资格继承王位之人。尽管希律王已经日渐衰弱，安提帕特依旧被裁定意图阴谋叛变，希律王在弥留之际下令将其处死。据约瑟夫斯所言，五日后，希律王重写遗嘱，随后在极端的痛苦中死去。或许希律王之所以临终前处决安提帕特，是为减少王位交接的障碍。但这一次也和之前无异，一切都是在罗马许可下进行，因为叙利亚行省总督瓦卢斯事先已受希律王之请来到耶路撒冷，负责批准这次判决。

　　王后米利暗一世死后，公元前27—前23年，希律王先后迎娶玛提丝、耶路撒冷的克里奥帕特拉、米利暗二世等为妻，他与这三位妻子生下的三子——希律·亚基老、希律·安提帕斯、腓力——平分王国。军队在耶利哥拥护三人中最年长者亚基老为王，之后，耶路撒冷民众也热情洋溢地拥戴亚基老即位。亚基老亲自为希律王主持宏大的葬礼，并率领送葬队伍行至希律堡，希律王之墓就在此处。于是，亚基老成为公认的合法继承人，他登上王位时臣民反应热烈，说明犹太人并未厌弃希律王朝。但在罗马方面，亚基老仍需大马士革的尼库拉乌斯美言一番，说明自己强于两位弟弟。最终，亚基老受罗马册封，成为犹地亚、撒马利亚、以土买等地领主。

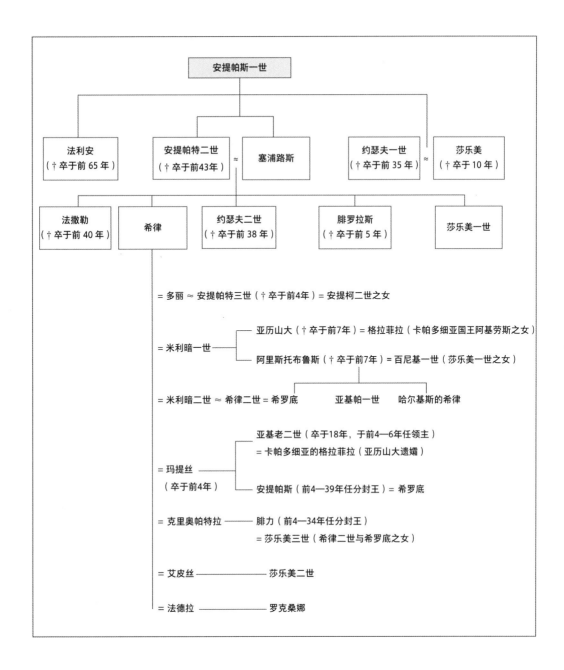

结论

希律王的历史形象是一位嗜血暴君,他亵渎宗教、屠杀臣民,是个十足的恶徒。然而,这种形象其实出自福音书的记载,而且遭到基督徒有意丑化。其实希律王这一人物十分复杂,在当时人看来,他维持了巴勒斯坦地区近40年的安定富庶,罗马亦认识到可利用希律王稳定东方局势。诚然,许多服务于希律王政治宣传的史料称,希律王与当时许多杰出人物来往密切,友谊深厚,这类信息我们自然不应全盘采

信,但仍应承认,各位罗马政要从未对希律王失去信任。

希律王流传至今的另一形象是多面国王,既与罗马人交好,又受希腊文化熏陶,同时又需取悦于犹太民众——毕竟从名义上而言,他与犹太人民有着同样的宗教信仰。不过所谓"双面国王",并非指人物立场模糊不清,或认为他同时欺骗了所有人。从行事作风来看,希律王的确属于希腊化君主,并且部分犹太人,尤其是犹太祭司贵族,对希律王组织异教式表演、敬拜异教神灵之举十分不满,认为这是亵渎犹太教,并

将希律王当做篡位者看待。此外，希律王在统治末期大兴杀戮，过分猜忌，让他彻底与民众离心离德。

然而，就自己在当时历史中究竟占据何种地位，希律王本人也有着自己的想法。他身边的亲信在相关政治宣传中起到很大作用，通过包括铸造钱币在内的多种方式，他们欲将希律王塑造成世界各地犹太族群的保护人、耶路撒冷的解放者、复兴犹太民族的功臣，其中大马士革的尼库拉乌斯更是想将希律王时代描绘成伟大的盛世。按照希律王的定位，他的王朝跳过犹太民族颠沛流离的时代，也跳过哈斯蒙尼王朝重掌政权的时代，直接上承所罗门王时代。为此，希律王大举重建所罗门神殿，并力图以救世主、大卫王再世的形象示人。但希律王与耶稣不同，他的弥赛亚并非超验理念，只是政治手段。他与罗马建立的纽带亦是如此。希律王是一位胆略过人的战术家，一位才能出众的外交家，而且每当危难之际，他总能想出对策，绝处逢生。希律王的才华，在于能够排除万难调和各方势力，同时周旋于罗马、希腊、犹太三者之间。人们既不会怀疑他与罗马结盟的诚意，也不会怀疑他继承王位的合法性——因为希律王与大卫王一样，是天选之子。他在政治宣传中，将与罗马人的友谊形容为上帝赐予犹太的最大恩惠。希律王还屡屡援引前朝旧事，称马加比家族当年与塞琉古帝国作战时，也曾与罗马结盟。

据弗拉维奥·约瑟夫斯所言，希律王的家族纷争出现于他权力稳定之后，希律王虽然处理政务得心应手，却治家无方。在他笔下，希律王是一位悲剧人物，有治国之才，却无力掌管家事。另外，希律王得以重建大卫之国，是赖奥古斯都之力，他亦在许多方面效仿奥古斯都的作为。因此，也应当注意到希律王与奥古斯都的相像之处，而两人的统治末期也多有类似的地方。

若撇开家事不谈，希律王在政治事务上确实不辱使命。当时罗马想让犹太民族真正成为帝国的一员，从而将犹地亚纳入希腊-罗马世界，而希律王正为罗马称霸一方起到无可替代的作用。另外，希律王也是罗马帝国宣传的载体，并且就罗马新政权而言，希律王是一个稳定因素，也为藩属国体系树立了榜样。

若要了解希律王如何参与到罗马的帝国大业中，他的建筑工程是最佳的切入点。希律王历来饱受争议，但也不失为一代枭雄，也许只有通过他的建筑作品，才最能真正感受他的个性、他的理念、他的才华。

身后之事

亚基老统治时间短暂，在他即位之初，一度受到热烈拥戴，但民众的热情很快便退去了。其实早在亚基老统治初期，部分早已厌倦希律王朝的犹太贵族便已开始反对新王，意欲推翻他的政权。奥古斯都可能对此有所了解，因此并未按其父旧例封亚基老为国王，仅任命他为领主。同时，奥古斯都还任命他的两位弟弟为分封王，各自统治分得的领土。后来，亚基老曾前往罗马，在尼库拉乌斯的帮助下为自己游说，耶路撒冷却趁机发起暴动，叙利亚总督瓦卢斯被迫率军镇压，因此亚基老的统治可谓开局不利。另外，许多冒险分子在各地纷纷借弥赛亚之名发动起义，他们假借大卫王名号，号称要重建上帝的统治。当时，犹太奋锐党正倡导重建传统犹太主义，反对罗马统治，党派的意识形态渐渐成形，并成为不稳定因素。不久，奋锐党的活动开始带有社会运动色彩，法利赛人及撒都该人也被卷入其中。亚基老在位期间，从未能巩固自己的权力，虽然他迎娶了同父异母的兄弟亚历山大之遗孀、卡帕多细亚国王阿基劳斯之女格拉菲拉，但并未得以加强自身的威望。公元6年，亚基老的政敌在奥古斯都面前占了上风，于是，亚基老被解除领主职务、流放高卢。之后，奥古斯都改革行政，犹地亚、撒马利亚、以土买改由罗马直接管理，三地被纳入叙利亚行省。奥古斯都命令总督居里扭普查当地人口，以便收税。总督以下又设行政长官一名，负责管理这些地区。

亚基老的废黜并未让两位兄弟占到便宜，他们依然只能待在各自封地以内。希律·安提帕斯是兄弟几人中最有野心的一位，虽然他与耶稣之死的关系不大，但也是福音书中的重要人物。他仅获得管理圣殿宗教及财政事务的权力。他在位期间最大的成就，是于公元23年在加利利建立提比里亚，并将该城作为国都。新城之所以叫提比里亚，是为向罗马新皇帝提比略致敬，这种做法与其父颇为相似。提比里亚如同凯撒利亚一样，也不受犹太律法约束，是安提帕斯领地内的一块希腊式飞地。至于希律·安提帕斯的兄弟腓力，他在约瑟夫斯笔下是一位行事低调的领主，在统治期间对罗马毕恭毕敬，并在领地内开展城市建设。如今我们对腓力这段漫长而平静的统治知之甚少。公元34年腓力去世时并无继承人，于是，希律·安提帕斯便

希律王遭到惩罚

从这时起，疾病侵袭了希律王全身，让他承受着多重痛苦。虽然他并未发起高烧，但感觉通体皮肤奇痒无比，难以忍受，同时全身绞痛，双脚浮肿，类似水肿一般。此外，希律王小腹肿胀，生殖器溃烂生蛆，而且哮喘发作，呼吸困难，四肢均有痉挛的症状。据一些先知所言，希律王的病痛是律法师降下的惩罚。希律王与病痛鏖斗，不甘放弃生命，一一试验各类疗法，期望能治愈疾病。他于是赴约旦河另一岸，在卡里尔荷温泉（Callirhoé）中沐浴。温泉水汇入死海，水质柔和，可供饮用。诸位医生建议希律王用热油浸泡全身，让身体暖和一些，于是他躺入注满热油的池子中，却昏厥过去，双眼外翻，如同死人一般。侍从纷纷惊声尖叫，骚乱不已，将希律王惊醒。如今，他对找寻疗法已感绝望，便下令分给每位士兵 50 德拉克马，并将大量金钱赠予军官及友人。

——弗拉维奥·约瑟夫斯《犹太战史》，第 1 卷，656 节

希律王下令处死安提帕特

安提帕特以为父亲已死，言语便放肆起来，好像自己已经摆脱束缚，即将接管王国大政。他向狱卒称自己即将获得解脱，并承诺无论眼下还是将来都会给他许多好处，好像自己真的已经稳坐王位一般。然而，狱卒并未听信安提帕特，反而到国王面前汇报了安提帕特的想法，并讲到安提帕特曾多次因希律王之故四处活动。希律王先前便已有灭亲之举，此刻听完狱卒汇报，虽已在垂危之际，仍大声哀嚎，敲打脑袋。随后，他用手肘将自己撑起，下令几名卫兵立即到监狱处死安提帕特，之后将其埋在海尔卡努斯堡，不得配享任何荣誉。

——弗拉维奥·约瑟夫斯《犹太古史》，第 17 卷，184—187 节

希律王的遗嘱与死亡

之后，希律王待情绪稳定，便重写遗嘱。原定将王位传给安提帕斯，此时改为让其担任加利利及比利亚分封王，王位则归亚基老。亚基老之弟腓力则任特拉可尼、巴珊、巴尼亚斯等地分封王。亚夫内、阿克索托斯、法撒勒堡，外加 50 万银铸德拉克马，归其妹莎乐美所有。余下亲戚也都得到供养，分获资产及收入等馈赠。罗马皇帝也获得希律王的赠予，包括 1000 万银铸德拉克马、金银餐具及贵重织物。另外，皇帝的妻子茉莉亚（莉薇娅）及其他一些人则每人获得 500 万德拉克马。后事一切妥当，希律王于是在处死安提帕特后的第 5 日撒手人寰。总计希律王的统计年数，自安提柯被处死算起共计 34 年，自罗马指定为王算起共计 37 年。

——弗拉维奥·约瑟夫斯《犹太古史》，第 17 卷，188—191 节

希律王的葬礼

之后，人们开始操办希律王的葬礼。亚基老竭尽全力让葬礼恢宏大气。他将所有用于陪葬的王家珍宝一一陈列出来。在一张缀满宝石的巨大金床上，铺有一张带有彩色刺绣的红毯，希律王的尸身裹在绯红色长袍中，安放于红毯之上。希律王头戴环形头饰，上加金王冠，右手握权杖。送葬时希律王诸子及亲戚队伍围在床的四周，随之向前走动；后随全副武装的卫兵以及色雷斯、日耳曼、高卢雇佣兵。剩余军队成员组成护卫队，他们手持武器前行，井然有序地跟随着将军及指挥官。走在最后的是仆人及获得自由的奴隶，手捧香料。就这样，按照希律王生前的意愿，他被护送到 200 斯达地外的希律堡，安葬其中。希律王的统治于此告终。

——弗拉维奥·约瑟夫斯《犹太战史》，第 1 卷，671—673 节

想趁机接管腓力的领地。然而，提比略拒绝了这一请求，并将腓力的领地归入叙利亚行省。据福音书所言，施洗者约翰遭毒杀身亡，元凶可能就是希律·安提帕斯的嫂子及侄女希罗底。希律·安提帕斯与希罗底的不伦关系更是他声名扫地的原因之一。

希律·亚基帕是阿里斯托布鲁斯（米利暗与希律王所生二子之一，公元前7年与弟弟一起被希律王下令处死）的长子，史称亚基帕一世，幼时在罗马宫廷长大。大希律王去世后，亚基帕并未分得领土。在他处境每况愈下，即将一无所有之时，他选择在犹地亚归隐，并娶表妹塞浦路斯为妻。亚基帕始终在犹地亚过着默默无闻的生活，但之后却决定返回罗马，并与年轻的盖乌斯——未来皇帝卡利古拉成为好友。卡利古拉是奥古斯都的曾外孙，奥古斯都外孙女大阿格里皮娜是其生母。先前，提比略曾将大阿格里皮娜与其夫日耳曼尼库斯所生子嗣一一铲除，卡利古拉却得以幸存。提比略死后，卡利古拉继立为帝，随后将先前腓力的领地及哈尔基斯封地交给其友亚基帕，并封他为王。此次晋封毫无征兆，出乎众人意料，亚基帕一世因而招致姐姐希罗底、姐夫兼叔父希律·安提帕斯两人的嫉妒，双方发生冲突。很快，卡利古拉皇帝做出裁决，他将希律·安提帕斯流放至高卢南部，命希罗底跟随，同时巩固亚基帕一世在王国中的地位。而亚基帕不愿立刻折返王国，宁愿在好友卡利古拉身边多盘桓一段时日。

卡利古拉去世后，新皇帝克劳狄一世继位。他非常欣赏亚基帕的处事能力，遂将其王国范围扩展至犹地亚及撒马利亚一带，并授予头衔"罗马人的盟友国王"（rex amicus et socius populi romani）。于是，原先大希律王的领土基本得以恢复，只是哈尔基斯封地划拨给亚基帕一世之弟希律，史称哈尔基斯的希律。为稳固亲谊，哈尔基斯的希律迎娶亚基帕一世与塞浦路斯之女、年轻的百尼基。两人凭借克劳狄一世的支持，得以在犹太族群中巩固王位，比如，当时亚历山大里亚的犹太族群与当地希腊人发生冲突，克劳狄一世最终站在犹太人一边。同时，亚基帕一世大力支持撒都该教士，而对基督教徒尤其苛刻，因为撒都该教士认为基督教是危险的邪教，背离《托拉》律法，而且不断吸收新教徒壮大自己的势力。亚基帕一世的能力，在于懂得如何安抚犹太人中的极端保守派，同时，虽然他对罗马皇帝及罗马帝国十分恭顺，但也能通过巧

妙的政治宣传，将自己塑造为光复犹太人主权的君主。约瑟夫斯对亚基帕一世赞誉颇多，并称其屡屡造福于民，多次减免税赋，此外，约瑟夫斯更是将亚基帕一世描绘成尊重犹太传统的明君，不似其祖父大希律王，去做了希腊人的朋友。

亚基帕一世在位时间很短，但这可能正是他的幸运所在。他登基后不过三年便溘然长逝，当时，他由于保护犹太人利益、维护犹太人身份认同，在犹太民众中的声誉正值顶点。他去世后，其子亚基帕二世过于年幼，无法继位，而且克劳狄一世希望将他留在身边，在罗马接受更好的教育，因此犹太王国立即被罗马并入叙利亚行省。哈尔基斯的希律成为希律家族中唯一有职权之人，于是便接替其兄掌管圣殿事务。几年后，亚基帕二世获得国王头衔，但他继承的却是哈尔基斯的希律所统治的王国，而非其父亚基帕一世的王国。从公元44年起，犹地亚地区重新由罗马派遣的行省财务官管理，犹太人见独立无望，再次制造骚乱。公元54年，尼禄即罗马皇帝位，但犹地亚局势并未好转。在尼禄的授意下，亚基帕二世获得先前腓力的领地及加利利、比利亚的部分地区，他的领地因而有所扩大，同时，他也将哈尔基斯地区归还堂兄，即哈尔基斯的希律之子。当时，希律家族真正的主导人物其实是亚基帕二世之妹百尼基，她孀居以来，一直想找到一位强大的盟友，实现自己的野心。

此时的犹地亚与亚基帕二世的王国相邻。亚基帕二世多次想出面缓解犹地亚的冲突，但当地形势却愈发紧张。一方面，民众采用更加暴力的手段反抗罗马统治；另一方面，罗马总督在镇压叛乱时也愈加残酷。局势陷入恶性循环之中。当初哈尔基斯的希律去世时，亚基帕二世从其手中接过圣殿事务的管理权，但每当犹太人内部发生冲突，尤其是当撒都该人、法利赛人联合针对基督徒发难时，亚基帕二世难以从中起到调停的作用。

公元66年，罗马新任命的犹地亚行省财务官提高税收，并在耶路撒冷的希腊人与犹太人间爆发冲突时，站在希腊人一边，这些行为无疑使当地局势更为紧张，骚乱达到顶点。

民众的暴动很快升级为社会运动，亚基帕二世、百尼基随即失去对局势的掌控能力。之后，亚基帕二世被赶出耶路撒冷，奋锐党趁机夺取政权，暴乱也扩大至撒马利亚、加利利及以土买。因起义人数众多，

罗马军队被迫退至叙利亚地区。此时，尼禄任命韦帕芗担任战争指挥官，率军出击，加利利地区迅速投降。当时指挥起义军守卫加利利的首领正是弗拉维奥·约瑟夫斯，他率城投降后，对韦帕芗表示顺服，后随其返回罗马，转而成为史学家。尼禄死后，韦帕芗继任皇帝，罗马内战随即打响，因此平定犹地亚一事便暂被搁置。等到韦帕芗在罗马坐稳皇位，其子提图斯便率军出动，包围耶路撒冷。民众奋起抵抗，但耶路撒冷终在公元70年9月陷落，罗马军队入城后烧杀抢掠，并将圣殿与城墙铲平。耶路撒冷居民或遭屠杀，或沦为奴隶，起义头领本人被押往罗马城，在古罗马广场上公开处死。韦帕芗与提图斯大举庆祝这次胜利，命人用缴获的战利品修造纪念性建筑物，同时还在古罗马广场修建提图斯凯旋门，作为罗马征服犹太人的永久象征。不过罗马又经过3年作战，才最终消灭全部起义军。公元73年，犹地亚总督弗拉维斯·席尔瓦兵围马萨达11个月之久，终于攻下起义军这最后的堡垒。坚守城中的犹太起义者宁死不降，最终仅有两名妇女、五名儿童在悲剧中幸免。

面对这一系列悲剧，亚基帕二世爱莫能助。他曾试图调停，却徒劳无功，对罗马皇帝的忠诚，让他失去了犹太民众的信任。犹太民众还将他视作捣毁圣殿的共犯。亚基帕二世之妹百尼基曾与未来罗马皇帝提图斯有过短暂恋情，宫廷内流言纷起，提图斯发现与百尼基的关系可能威胁到皇位继承，于是毅然和她断绝来往，并将其赶出罗马。百尼基与亚基帕二世最终在自己的宫殿中去世，他们是哈斯蒙尼家族的后代远亲，也是希律家族执掌政权的最后希望。但二人早早退出了罗马东方世界的舞台，不再扮演任何角色。不似其祖先大希律王，曾在东方历史中画下异常浓重的一笔。

希律王家族大事年表

前4—6年 ▶ 亚基老担任犹地亚、撒马利亚、以土买领主。

前4—34年 ▶ 腓力担任特拉可尼、浩兰、戈兰分封王。

前4—39年 ▶ 安提帕斯担任加利利、比利亚分封王。

6年 ▶ 居里扭开始普查人口。

6—7年 ▶ 奥古斯都废黜亚基老。

14年 ▶ 奥古斯都去世。

14—37年 ▶ 提比略统治罗马。

26—36年 ▶ 本丢·彼拉多担任犹太行省总督。

30年前后 ▶ 耶稣逝世。

37—41年 ▶ 卡利古拉统治罗马。

37年 ▶ 亚基帕一世被封为特拉可尼、浩兰、巴珊、戈兰、哈尔基斯之王。

39年 ▶ 安提帕斯遭废黜。

40年 ▶ 斐洛作为大使赴卡利古拉身边交涉。

41—54年 ▶ 克劳狄一世统治罗马。

41年 ▶ 亚基帕一世被封为犹地亚、撒马利亚、加利利、以土买之王；其兄哈尔基斯的希律被封为哈尔基斯之王。

44年 ▶ 亚基帕一世去世；犹地亚改由罗马直接管辖，设行省财务官管理当地事务。

48年 ▶ 哈尔基斯的希律逝世，亚基帕二世接管圣殿事务。

51—56年 ▶ 亚基帕二世在加利利及叙利亚南部重组王国，被封为特拉可尼、浩兰、巴珊、戈兰、比利亚及加利利部分地区之王。

54—68年 ▶ 尼禄统治罗马。

64年 ▶ 罗马火灾。

68年（6月）▶ 尼禄去世。

68—69年 ▶ 罗马内战爆发；加尔巴、奥托、维特里乌斯先后成为罗马皇帝。

69年（9月）▶ 韦帕芗被公推为罗马皇帝。

66—70年 ▶ 犹太起义。

70年（9月）▶ 提图斯攻占耶路撒冷，拆毁城墙及希律圣殿；犹太行省成立。

71年（7月）▶ 韦帕芗及提图斯击败犹太人。

73年 ▶ 马萨达陷落。

75年 ▶ 亚基帕二世及百尼基抵达罗马。

79—81年 ▶ 提图斯统治罗马。

81—96年 ▶ 图密善统治罗马。

96—98年 ▶ 涅尔瓦统治罗马。

98—117年 ▶ 图拉真统治罗马。

100年 ▶ 亚基帕二世卒。

117—138年 ▶ 哈德良统治罗马。

132年 ▶ 罗马人在耶路撒冷废墟上建立殖民地爱利亚·卡皮托林纳。

132—135年 ▶ 巴尔科赫巴起义。

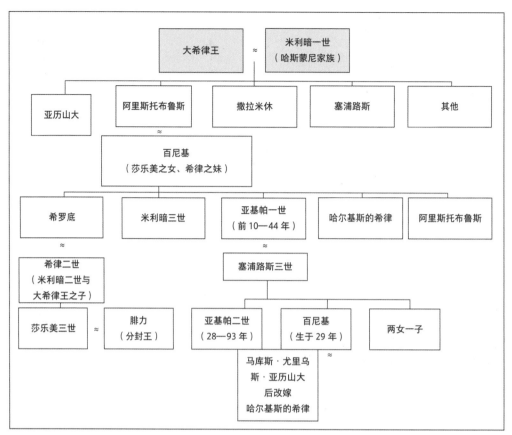

提图斯的胜利。游行队伍正在展示洗劫耶
路撒冷圣殿获得的战利品
（让-克劳德·戈尔万　绘）

今日马萨达
(© akg-images / Bible
Land Pictures)

罗马提图斯凯旋门
(© akg-images / Andrea Jemolo)

[双页]
凯撒利亚海角宫殿全貌复原图

第二章

王者气象：希律王时代建筑大观

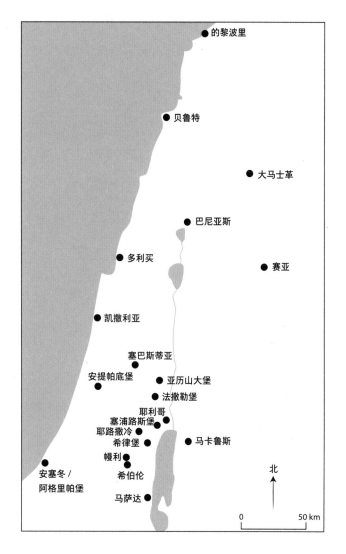

希律王在王国及叙利亚行省内的公共建筑

希律王的建筑遍及近至以土买、远至伊庇鲁斯的罗马帝国东部多数地区，但其城市建筑主要分布在王国核心地带，即耶路撒冷、犹地亚、撒马利亚。

希律王建筑年表

（此处仅列举书内提及的部分建筑，且仅涉犹太王国一地）

前 40 年代末 ▶ 亚历山大堡。

前 37—前 32 年 ▶ 安东尼亚堡、耶利哥一号宫、马萨达堡一期工程、塞浦路斯一号堡、马卡鲁斯堡。

前 30—前 25 年 ▶ 耶路撒冷塔群、耶利哥二号宫、塞浦路斯二号堡、塞巴斯蒂亚、马萨达堡二期工程。

前 25—前 20 年 ▶ 希律堡、耶路撒冷宫殿。

前 22—前 11 年 ▶ 滨海城市凯撒利亚及港口。

前 20—前 15 年 ▶ 巴尼亚斯奥古斯都神殿。

前 20—前 12 年 ▶ 耶路撒冷圣殿。

前 16—前 15 年 ▶ 马萨达堡三期工程。

前 15—前 10 年 ▶ 耶利哥三号宫、耶利哥战车竞技场。

引言

早在 19 世纪，大多数希律王建筑遗址就已得到确认，但希律王的工程庞大，建筑共计约 50 处，而且多数位于王国之外，因而为了衡量总体建筑规模，并确定各建筑位置，约瑟夫斯的记载就变得十分关键。

据约瑟夫斯称，公元前 40 年，希律王在赴罗马的路上曾参与重建阿波罗皮提亚神殿等罗德岛古城建筑，如果由此开始计算，希律王兴办土木工程的时间前后共 30 年。其实，虽说希律王在王国以外的工程更为庞大，就此而言他也是东方与罗马结盟诸王中的特例，但史学家和考古学家首先且尤其关注的，还是希律王在犹太王国内的活动。

希律王在位最初 10 年所兴建的建筑主要为军用工事，如建设、重建王国的各条防御线，并在耶路撒冷、马萨达修建城堡与要塞。希律王将曾经马加比家族为防范沙漠民族建造的防御设施重新加以利用，主要是为了防备盗匪，同时也可以提防帕提亚帝国来犯。这些堡垒大多分布于死海沿岸，如形势不利，希律王还可来此避难。希律王将他在耶路撒冷修建的城堡命名为安东尼亚堡，自此之后，以某位罗马庇护人之名命名建筑，成为希律王统治期的一项惯例。

公元前 30 年以前，希律王未建造过城市。亚克兴战役之前不久，犹地亚发生地震，据史料称，死者逾 3 万，各地毁坏严重，这也让希律王得以开展宏大的重建工程。他重建的首座城市为撒马利亚，于公元前 25 年竣工。为纪念奥古斯都，新城更名为塞巴斯蒂亚。公元前 22 年，他开始重建一座位于犹太律法管辖范围外的腓尼基古港——斯特拉同之塔。希律王在此修建了滨海城市凯撒利亚及港口。与此同时，在犹地亚、撒马利亚等国内其他地区，一座座神殿、堡垒、宫殿相继建成。尤其在公元前 20 年代末，希律王开始扩建、修饰耶路撒冷圣殿，此举不但延续了此前所罗巴伯的重建工程，也继承了所罗门圣殿的遗绪。以城堡为代表的一系列公共建筑既体现出对舒适的追求，也表现出希律王着力融合犹太、希腊、罗马等不同文化的意图。此番工程规模之宏大，让人不得不改变对希律王的固有观念，也许他并非仅仅是个只顾自保、内外树敌的独裁者。

从各所建筑的名称中，可以看出希律王既想向帝国贵族致敬，又有意光耀自家门楣，如塞浦路斯堡、安提帕底堡、法撒勒堡等。

在希律王治下，王国相对安定，因而他得以利用国内种种资源兴办各类工程。希律王时期，王国内 80% 为农业人口，其中绝大多数属自由农民，聚居在一个个村社内，村社须向国家纳税，其中部分用于向罗马纳贡，部分交予国王，此外还有各类杂税。国王本人拥有大片庄园，通称王家领地，是国王收入的主

寻访希律王的遗迹

由于约瑟夫斯记载翔实，学界早在 19 世纪就已在巴勒斯坦的初期地形考察中确认了主要希律王建筑遗址。1867—1870 年，查尔斯·沃伦（Charles Warren）率先在耶路撒冷圣殿开展考古研究，探明了古耶路撒冷地貌状况。

此后数十年，相关研究进展缓慢，甚至近乎停滞，不过 20 世纪上半叶时，有人对部分遗址进行了探索。截至 1950 年前后，塞巴斯蒂亚 / 撒马利亚古城已经过挖掘，考古学家也已考察过耶利哥遗址。

1959—1969 年，在 A. 弗罗法（A. Frova）的指挥下，意大利考古团开始在凯撒利亚进行考古工作。同期，又在希律堡及马萨达开展活动，再次掀起希律王遗址的考古热潮。从这时起，E. 内策尔（E. Netzer）团队率先对希律王时代各个大型建筑遗址开展发掘工作。1970—1990 年，内策尔等人与国际考古团队合作，先考察了希律堡及耶利哥宫，后又对塞浦路斯堡及凯撒利亚进行研究。

因 20 世纪后半叶考古活动频繁，学界产生了众多关于希律王及其建筑工程的研究，这些研究往往结合历史背景，对他的各类建筑加以分析。A. 沙利（A. Schalit）撰写的希律王传记在 1964 年用希伯来语出版，1969 年德语版问世。这部作品是研究希律王不容错过的经典之作，在这之后，国际上相关科研成果开始如雨后春笋般涌现。

要来源。国王还在各港口收取关税，在内地收取通行税，这两笔税金也是不可忽视的常规收入。另外，僧侣群体的财富也应考虑在内，不但是由于僧侣有权支配圣殿的收入，更是因为国内或海外犹太聚居地的每一个犹太人都须向僧侣群体纳税，其中部分为实物税。犹地亚是实实在在的富庶之邦，这里之所以繁荣，一方面依赖传统的地中海混合种植农业，即小麦、葡萄、橄榄混栽，另一方面也得益于纸莎草产业及耶利哥的香膏出口贸易。耶利哥的香膏在当时被公认为上品，在各类香膏中首屈一指，为此，埃及女王克里奥帕特拉甚至一度想将耶利哥据为己有。不过犹太人的安息年习俗往往有碍经济，还可能造成饥荒，公元前 23 年即是如此。当时，希律王向民众发放救济，并多次减税，舒缓民困，出色地维持了局面。

希律王建筑的一大特色是造型宏伟，其建筑规模之大，在古代世界中可谓独一无二。他的建筑工程在尺寸上丝毫不加敛束，也许正是这一点最打动罗马世界的两位统治者奥古斯都、阿格里帕。耶路撒冷圣殿大概是古典时期已知占地面积最大的建筑，达 144000 平方米，是罗马奥古斯都广场的 12 倍。不过规模宏大并非希律王建筑的唯一标识，有必要时，希律王会断然改造自然环境，为工程需要而改变地形。在这一方面，他显然是受了罗马的影响，特别是当时的罗马城正在开展由恺撒主持动工、由其继任者接手经营的大型改建工程。但希律王的建筑依然颇有其独到之处，其中尤为独特的一点，在于希律王善于将既有房屋结构囊括在新建筑设计中，他的建筑师也从不凭空构想建筑图样。所以说，希律王建筑的新颖之处，也在于灵活多变的设计方案能够适应各种实际情况。

希律王凭借土木工程巩固了王权，他在耶利哥、耶路撒冷城内，及希律堡、马萨达、凯撒利亚乃至西弗利斯（Sepphoris）翻修或新建的一批宏伟宫殿，尤其令他威望大增。这些建筑的首要用途应是展示希律王之富有、强大、威严，因为希律王恐怕并未将这些宫殿用作自己与家人的居所。其中的部分建筑名气较大，比如耶利哥各座宫殿中的一座、马萨达北宫、希律堡上层部分、凯撒利亚宫殿。总体而言，这些宫殿均取法自希腊传统建筑及安条克、亚历山大里亚的王宫设计，但就其构造特点而言，则是十足的希律王式建筑。

在耶路撒冷，希律王先是将哈斯蒙尼宫据为己有，并根据当时自己庇护人安东尼的名字将其改称为安东尼亚堡，随后又在耶路撒冷上城内圣殿对面的山丘上，修造了两片精美的宫邸，并建有塔楼及 15 米高的围墙，分别命名为恺撒堡及阿格里帕堡（约瑟夫斯《犹太古史》，第 15 卷，318 节；《犹太战史》，第 5 卷，181—182 节）。至于耶路撒冷王宫，我们则对其知之较少。另外，修造王宫是希腊君主的惯常做法，而且希腊君主一般都有多座宫殿，不过希律王的独特之处，在于他大力整修了部分防御设施，亦即通常所说的沙漠要塞。

沙漠要塞

各个沙漠要塞（王国各地均有要塞，但沙漠要塞因约瑟夫斯的记载而更加闻名）分布于约旦河谷及死海沿岸一片以山地为主的区域，占据了所有战略要地。这些地方视野开阔，四面风物可尽收眼底，因而也是宜居之所。这条要塞防线北起亚历山大堡，南到马萨达，最初肇始于哈斯蒙尼王朝，尤其出自亚历山大·詹内乌斯之手。之所以修造要塞，首先是为屏护东境，但因位置优越、观景效果极佳，故而历任君主、贵戚也自然而然将其用作宫邸甚至宝库，有时也在要塞中避难，或囚禁反对派人士。由于附近没有水源，要塞需要汇集雨水并储存在蓄水池中，因此相关设施的建设十分用心。大多要塞设在山丘顶端陡峭而易于防守之处，可用作避难所、后方基地、宝库。

希律王兴建的要塞中，有六七座只是根据史料，主要是约瑟夫斯的记载，或未经挖掘的考古勘探为人所知。继业者战争、庞培征服犹地亚之战、哈斯蒙尼王朝与希律王内战，当地建筑屡遭兵燹，但战乱之后，希律王有幸将这条要塞防线收为己用，并加以修缮。至于其目的，则不仅仅是为防御纳巴泰人或游牧民族及寇匪入犯。即便在巩固了王位之后，希律王也不只是修复各个要塞，同时还加以扩建，并改善其居住条件。

约瑟夫斯在对希律王生平的记载中，有时提到一些建筑名称，部分要塞不过因此留名而为人知晓，还有一些要塞也只经过定位或探测而已。其他要塞则已被发掘，更加为人所了解，因而我们对这些要塞的认识需要依靠考古工作的成果。

亚历山大堡曾毁于加比尼乌斯之手，又由哈斯蒙尼王朝重建，公元前 15 年，希律王又大加修缮，意在将其用作马库斯·阿格里帕的官邸。据约瑟夫斯记载，米利暗所生两子于公元前 7 年遭处死后，即葬在亚历山大堡。此处选址视野极佳。20 世纪 80 年代，经考古挖掘，亚历山大堡中复杂的储水－供水体系构造现已大白于世。

塞浦路斯堡

　　约瑟夫斯曾提及塞浦路斯堡。据约瑟夫斯记载，这座要塞格外美观、坚固、宜居，因而希律王在重建堡垒围墙后，选用母亲之名为其命名。塞浦路斯堡因 1974—1975 年内策尔在泰勒亚喀巴（Tell El 'Aqaba）的考古发掘工作而成为最为人所了解的要塞之一，泰勒亚喀巴可俯瞰耶利哥平原及死海北岸，监视下方往来耶路撒冷的道路。

　　这座建于公元前 35 年、以希律王母亲塞浦路斯命名的要塞，耸立于耶利哥城南沙漠中一座锥形山上，耶利哥平原地面上方 250 米的高处。目前在当地发现的最古遗迹可追溯至哈斯蒙尼王朝时期。

　　建筑下层部分设有宫殿式住宅，住宅环绕一座中央庭院而建，东北角有坚固的塔楼，建筑上部建有数间居室及多个罗马风格浴室。塞浦路斯堡镇守着耶利哥城进出道路，从堡垒上可俯瞰全城，瞭望角度绝佳，而登上要塞的路线则十分崎岖。

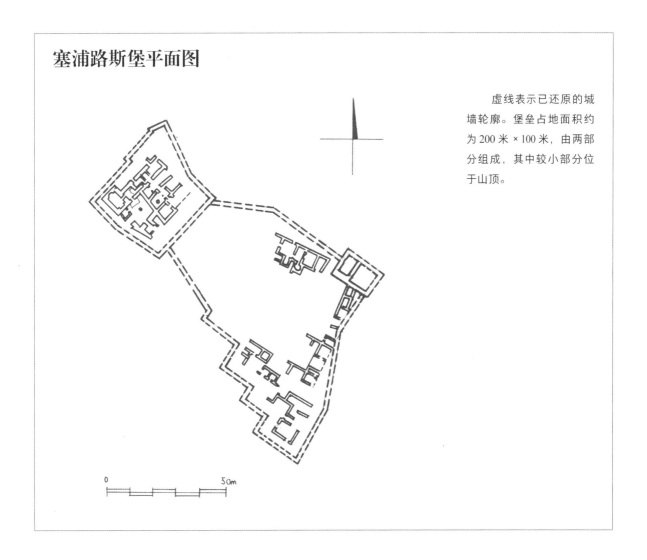

塞浦路斯堡平面图

虚线表示已还原的城墙轮廓。堡垒占地面积约为 200 米 × 100 米，由两部分组成，其中较小部分位于山顶。

0　　　　　　　50m

［双页］
塞浦路斯堡还原图

马卡鲁斯堡

1977—1981 年，考古队根据 10 年前勘探的结果开展挖掘工作，马卡鲁斯堡遗址因而重见天日。堡垒建于死海东岸一座山上，遗址保存状态极佳，卫城和下城一部分建筑尤为完好，因而可以复原堡垒原貌。马卡鲁斯堡是哈斯蒙尼王朝时期最关键的数座要塞之一，建于亚历山大·詹内乌斯在位时期，加比尼乌斯讨伐阿里斯托布鲁斯父子时将其摧毁。后来希律王重修马卡鲁斯堡，对其防御体系加以扩建，并将堡垒建成王宫。这一次，我们又要借助约瑟夫斯的珍贵记载，来了解马卡鲁斯堡的重要性。

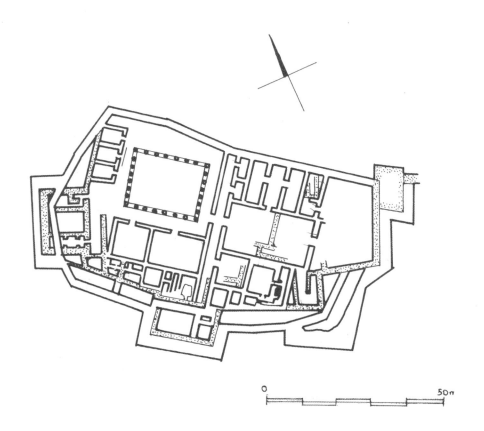

马卡鲁斯堡平面图

0   50 m

图中圆点填充部分为希律王重修堡垒前哈斯蒙尼王朝所建城墙之遗迹。各个居室环绕一座庭院而设，庭院中建有柱廊（厅堂及卧房）。隔一条走廊之外，另有一座庭院，北侧有 5 间库房，南侧建有浴室。从坚固的塔楼上可以瞭望四周动静。后来，施洗者约翰正是在这座名副其实的鹰隼之巢内被砍去头颅。

此处的地理环境足以让守城者安心，让入犯者疑惧。城中有一处高墙环绕之地，位于岩石叠立的山脊上，极其高耸，难以接近。除这一要地外，大自然也在此设计了重重险阻。整座山岭四面为沟壑包围，深不见底，难以跨越，也没有可以填平之处。山岭侧面一道山谷向西延伸，直抵沥青湖[6]，总长60斯达地，马卡鲁斯堡顶端塔楼即设于这一方向。北侧与南侧山谷较前者虽浅，但也可抵御一切来犯之敌。东侧山谷深度不少于100肘，谷地边缘有山，与马卡鲁斯堡相对。犹太王亚历山大有感于此处之险要，在此造起首座要塞，后来加比尼乌斯在与阿里斯托布鲁斯的战争中夺得该地。到了希律王在位之时，他认为此处的重要程度为所有战略要地之首，应建造坚固的防御工事。究其主因，是由于此处与阿拉伯人毗邻，而当地山势又朝阿拉伯人领地敞开。希律王于是大修城墙、塔楼，围成巨大的堡垒，并在其中造城，还开辟一条道路，直通山脊顶端。希律王又在山巅高处造起城墙，拐角处均设塔楼，每座达60肘，围墙内则建有富丽堂皇的宫殿，造型宏伟，厅室富丽。希律王为汇集雨水、充实储备，又在各适宜处建设众多蓄水池。希律王似乎在与自然竞赛，想用凭人力建起的堡垒，超越曾创造出这般险要地势的造化之功。堡垒中还备有大量投枪箭矢、防御设施，以及一切能在攻城战时延长守城时间的备战物资。

——弗拉维奥·约瑟夫斯《犹太战史》，第7卷，164—177节

马卡鲁斯堡

（© akg-images / Jean-Louis Nou）

[双页]

马卡鲁斯堡复原图

在始建于哈斯蒙尼王朝并兼作宫邸的各个要塞（公元前35年前后均由希律王改建）中，马卡鲁斯堡是最震撼人心的一座。马卡鲁斯堡坐落于约旦河东侧（今约旦境内），和亚历山大堡、多克堡（Doq）、塞浦路斯堡、海尔卡努斯堡、努赛乌维示拉（Nuseib Uweishira）诸要塞共同组成王国的防御带。附近一座村镇（图片上不可见，因为村镇位于山另一侧）与堡垒相接。远处西面为死海。

马萨达堡

马萨达堡位于死海西侧的海角高点处，距海岸不远。海角上岩石嶙峋，堪称天然要塞。马萨达堡是希律王诸项重大工程之一，公元73年犹太人大起义接近尾声时，这里成为犹太人对抗罗马军团的最后一座堡垒。

马萨达堡建于哈斯蒙尼王朝，后被希律王收为己用。据约瑟夫斯称，堡垒由约拿单所建，但并未说明究竟是玛他提亚·马加比约拿单，抑或是亚历山大·詹内乌斯（约拿单）在这种情况下，其始建时间应追溯至公元前2世纪中期或公元前1世纪初。无论如何，初期建筑遗留的痕迹甚少，因而后世见到的马萨达堡几乎全为希律王所建。事实上，希律王对此地十分熟悉，因为公元前40年的动荡时期，他曾将家人藏匿于此。

公元前35—前15年，堡垒经过多次改建，工程时间与已考证的耶利哥堡施工时间大致吻合。这些结论来自1963—1965年及1990年分别由Y. 亚丁（Y. Yadin）和内策尔开展的大规模考古挖掘。考古研究发现了3个工程期的痕迹，不过其中希律王最杰出的建筑作品是公元前20年修建的"北宫"，约瑟夫斯也对北宫留下了详细的记载。北宫所处位置视野奇佳，四周尽收眼底。宫殿符合希腊建筑传统，同时也运用了许多罗马元素，这不但体现在建筑结构上，也尤其体现在浴室的装饰上，比如彩色灰泥、马赛克铺面、壁画等。

马萨达堡位于一块突岩之上，此处孤峰峭峻，雄立于死海西岸的沙漠中，是一座不折不扣的天然堡垒。马萨达一名来自希伯来语"metzuda"，含义正是要塞。山顶无水源，故而要塞中用蓄水池收集雨水。由于此处地势易守难攻，所以公元66—73年犹太大起义时，

最后一批起义军即固守于马萨达堡内。

马萨达北宫（图片前景）建于公元前25年前后，是古代最震撼人心的建筑之一。希律王的工匠利用了突岩尖端形如船首的地势特点，将宫室分3层修造，整体布局气势雄浑。如要进入北宫，需先穿过数座庭院、一座前厅，之后从后侧、上方进入宫殿。前厅通向各个布置奢华的卧房，尽头是上层露台，四周由雅致的半圆形柱廊围绕。柱廊侧面有连廊，走下台阶，可达下方18米处的中层露台。中层露台为方形，中间有圆形的接待室，四周也设有柱廊。后部有图书馆、卧房，分两层布局。其中又有下行台阶，向下层再行12米，即到达下层露台。下层露台中央有一座巨大的接待室，四面设有科林斯柱式门廊，邻近有数个小浴室及卧室。

北宫与周围地势浑然相契，视野之内是壮美的沙漠山丘景观。其中正北朝向的房间在夏天十分舒适。各个厅室的地上均有马赛克铺面，墙面有壁画装饰。整座宫邸颇为奢华，专由国王和贵族享用。由于道路险要，孤立荒野，所以十分安全。北宫后方的台地上有着与其配套的浴室、仓库（粮仓、兵器库）及邻接的房间。

更远处，各类建筑散布在峰顶各处（几座小宫殿、附属建筑）。其中最重要的建筑是西宫（图片右侧）。

突岩四周建有围墙，设塔楼27处，各塔楼间相距40米左右。城墙分内外两层，中间有驻军所用的仓库及板房。如要攻取这座要塞，则须在突岩的峭壁上穿行，道路崎岖不堪，而且尽头处有3座易守难攻的城门。

画面最深处、靠近天际线的位置可看到死海。

［双页］
马萨达复原图

马萨达堡平面图

马萨达堡顶端呈 650 米 × 300 米的菱形，如等高线所示，地面高低起伏不定。最高点即对应北宫。

A | 北宫；B | 西宫；C | 北门；D | 西门；E | 东门

1 | 西宫第一期遗址；2、3、4 | 其他小型宫邸，供王室成员及贵宾居住；5、6 | 附属建筑；7 | 鸽舍；
8 | 附属居所（服务人员）；9 | 大水池

- 马萨达堡第一期工程约于公元前 35 年完成，修建了 4 座小型宫邸，分布山顶各处，其风格多取法自哈斯蒙尼王朝建筑（庭院及带檐露台）（平面图 1 至 4 号）、附属建筑（5 号、6 号）、鸽舍（7 号）、南部一座大水池（9 号）。西宫第一期遗址（1 号）中，有数个精美的会客室，一座用于犹太教仪式的浴池（mikveh）。这座建筑呈矩形（28 米 × 23.5 米），分两层，有马赛克装饰，墙壁上亦绘有非写实风格的壁画。
- 第二期工程约于公元前 25 年竣工，其间在突岩尖端（A）修建了别具一格的北宫，另外还大举扩建了西宫（B），并修造了 12 个蓄水池。
- 第三期工程约于公元前 18 年结束，其间修建了围墙及其他几座建筑（8 号居所和北宫、西宫的数座仓库）。

正是在此台地上，大祭司约拿单建造了第一座要塞，并名之曰马萨达；后来，希律王对要塞加以大举修葺，并围绕山顶用白石造起城墙，周长达 7 斯达地，高 12 肘，厚 8 肘；城墙上设塔楼 37 处，高 50 肘，整个城墙内侧均为依墙而建的宿舍，与塔楼有路相通。国王将山顶留作耕地，此处土地肥沃，土壤比任何平原都要疏松，因而外面有饥荒之时，居守堡垒之内者可以幸免。国王还在西坡修造宫邸一座，靠近城墙，朝北而建。宫邸围墙既高且坚，四角均有塔楼，高 60 肘。宫内厅室、柱廊、浴场等场所布置形态各异，颇为奢华，用整块巨石雕成的石柱处处可见，各厅室内的墙壁、地面均用彩色马赛克装点。在每座居室附近均设有蓄水池，储水之多，与泉水无异。水池由在岩石上挖凿而成，或在高处，或在宫邸周围，或在城墙前侧。从宫邸可沿一条凹陷的路行至山岗顶端，路从外面不可见。敌人也很难利用可见的道路。如上所述，东边的路本就崎岖难通，而西边的路上，希律王又建有防御工事，在路最窄处，有防御塔一座，此处距山顶至少 1000 肘。防御塔既无法绕过，也不易攻取。即便是无所畏惧的旅人，想从此通过也并非易事。此地的御敌设施，可谓是天人合力的杰作。

——弗拉维奥·约瑟夫斯《犹太战史》，第 7 卷，287—294 节

马萨达堡
（© akg-images/Bible Land Pictures）

结语

　　凭借亚历山大堡、塞浦路斯堡、马卡鲁斯堡，尤其是马萨达堡等各处遗址，我们可以对希律王重修、重建各个要塞宫殿的工程形成清晰的认识。遗址复原工作为世人展现了一套构思严谨、协调有序的防御体系，就其规划而言，也对各处的地形特点有所考量，并对地理优势加以利用。同时，因各要塞兼有住宅功

能，而水是起居舒适的必需之物，故其建筑设计对水利体系格外着意。水利设施也是这些要塞宫殿的主要特色之一，作为王权象征体系的组成元素。通过修造水利设施，君主意欲为自己塑造水神的形象。

耶利哥宫：冬季行宫

耶利哥是一方政区之首府，自古便有犹太人移民居住。当地人取用周围山地水源，善于灌溉，加之气候宜人，冬季温和，因而自哈斯蒙尼王朝以来，耶利哥即成为荒漠中的绿洲。当地果园内蔬果繁茂，并有棕榈园、运河、水池等设施，说明耶利哥之繁华，缘于椰枣种植业与植物香膏产业。这片富饶的平原自然会引来他人垂涎，何况耶利哥地处交通要冲，数条自耶路撒冷、犹地亚通往加利利、比利亚乃至死海的道路于此交会，颇得地之便。哈斯蒙尼王朝约翰·海尔卡努斯在位时，即在王家领地南面修建了一座冬宫，后由两位后继之君亚历山大·詹内乌斯、亚历山德拉·莎乐美拆除改建。安东尼慷慨献土后，觊觎耶利哥的埃及艳后克里奥帕特拉一度成为当地之主，在此期间，哈斯蒙尼王朝君主继续居于此宫殿内。公元前30年克里奥帕特拉之死，让希律王趁机将领土收回。其实希律王早在登基伊始，即有意对哈斯蒙尼王室的冬宫加以利用，并且在领地被割予克里奥帕特拉之前，就已着手在此修造一座宫殿。但这座宫殿与附近其他宫殿相比，位置最为偏南，位于哈斯蒙尼王室宫殿下方，因而无法瞭望平原。选址不佳、规模偏小的宫殿，

反映出耶利哥城在埃及女王统治时期地位之低下。这座宫殿极有可能和哈斯蒙尼王室宫殿一样，被公元前31年的地震所损坏，但似乎并未遭到废弃，而且之后在希律王建造另外两座宫殿时，这座宫殿依然有人居住。各种迹象表明，虽然三座宫殿之间的通信方式尚不明晰，但三者始终协调运作、互为补充。

耶利哥遗址最初在19世纪中期，经一系列勘探工作后便有过几次考古挖掘，但1950年起，当地挖掘工程才开始频繁起来，尤其是在1973—1983年，当时的工程由内策尔主持。挖掘发现三座相连的宫殿，尺寸连续递增，建造时间似乎也主要是希律王在位期间。其中最知名的一座，是第三座，约建于公元前15年，风格深受罗马影响：宫殿采用方石网眼砌筑法（opus reticulatum），其中装饰似乎也是由意大利工匠设计。

希律王修造首座耶利哥宫

早在公元前35年，希律王即在耶利哥建起第一座王宫，选址在克瑞特干河河谷及哈斯蒙尼王宫以南。王宫竣工时间在希律王将耶利哥割让给克里奥帕特拉之后。公元前31年的地震后，王宫曾经过修复。王宫整体呈87米×46米的矩形，墙壁使用简单的粗砖砌成，但内部装饰十分精致。通过已发掘的楼梯，可以复原一层建筑的样貌。宫殿建造风格颇为宏伟，还建有柱廊一座，朝向北面王家园林的方向。中央庭院与一座花园相通，花园内设大会客厅一个，并配有宴会厅、浴池等。花园的形状颇为紧凑，与下文将提到的其他宫殿迥异。

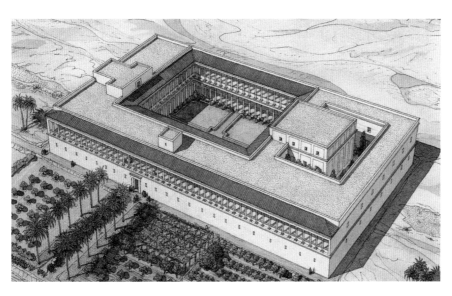

［左图］
希律王在耶利哥修造的首座宫殿复原图

［双页］
耶利哥哈斯蒙尼王宫复原图

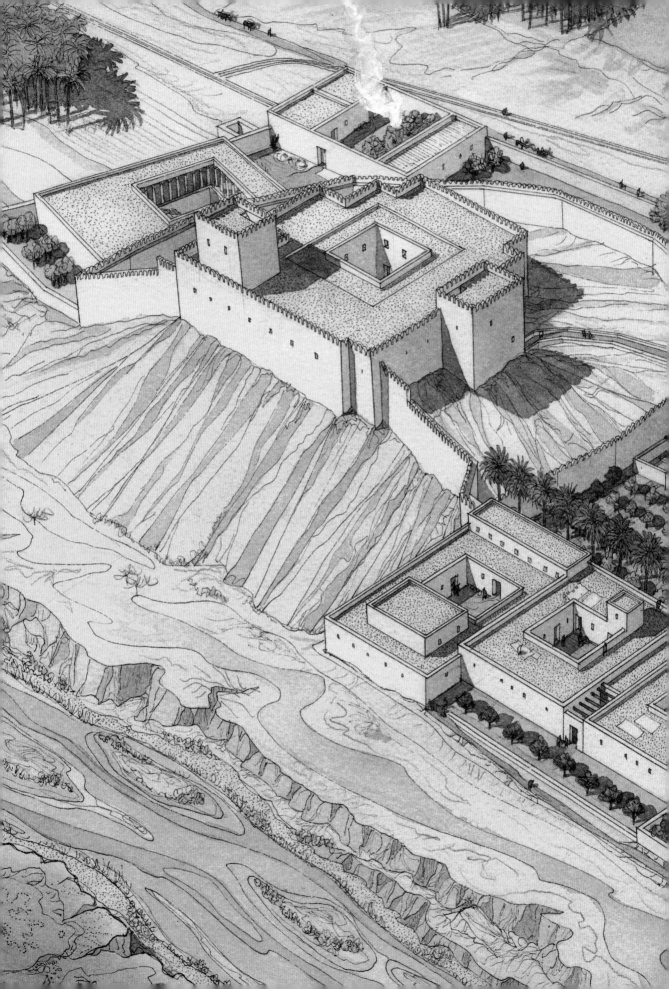

第二座宫殿

亚克兴战役后，希律王收回耶利哥。那时已是地震之后，哈斯蒙尼王宫大部分建筑已遭损毁，希律王也得以借机在政治对手的故地上大兴土木。公元前25年，希律王开始兴建第二座宫殿，其中一部分修造在旧宫的遗址之上，占取了可以瞭望耶利哥和死海的位置。第二座宫殿的建筑布局远比第一座宫殿开放。在图片左侧可看到哈斯蒙尼旧宫的山丘，远景里可见到旧宫的两座泳池，希律王基本将其原样保留，只是将两个泳池合并为一个泳池。近景中有一座方形建筑，似为大型鸽舍。

上层庭院中设有一座花园，并配有灌溉设施，花园所在位置略高于长廊地面，精美的厅室排布在庭院短边的两端。此处还有一座巨大的餐厅，其中有多幅壁画装饰，四周由多个房间环绕。穿过餐厅，就来到了长廊。这里所谓的长廊，其实是一种特别的露天观景台，由此可以俯瞰克珥特干河河谷和耶利哥平原。

这里有楼梯通向图片下方的下层庭院，整座庭院为一座大型泳池（原为哈斯蒙尼王宫内设施）所占据。这类泳池颇合希律王的口味，此前完工的希律堡也建有这种设施。一座大房间朝向泳池而设，可能是泳池的附属建筑，其作用是让游泳的人可在阴凉处休息。此外还有第二座泳池，周围设有葡萄架，上面遍植葡萄。数座厅室沿着泳池连排而建，其中还有一座罗马式浴室。用于装点花园的树、灌木均栽在花盆内。

整体建筑组成一座宫殿花园，风格开放，装设宜居，嵬然秀立于王家园林之南端。

第三座宫殿

希律王的第三座耶利哥冬宫建于公元前15年前后，宫殿横跨克珥特干河两岸，河水似乎成了俘虏，被迫成为宫殿建筑的一部分。

早先，希律王曾在此处建有一座大型别墅，后来遂整体并入这座宫殿的北部（A）。宫殿建筑基本朝向水上景观而建，并在观景一面设有可供散步的大型柱廊。如此的设计思路，不由得让人想起沿海别墅的风貌。从这座宫殿的开放程度看，希律王此时在耶利哥应当感到十分安适。从保存下来的室内装饰看，建筑设有装饰豪华的厅堂宫室。在露台装设屋顶似乎是希律王建筑的一大主要特色，因为在其建筑遗址中很少发现碎瓦片。墙壁用粗砖砌成，浴场等部分区域采

用方石网眼砌筑法。宫内正厅（1）名为"奥古斯都厅"（Augusteum），厅内3面设有较为狭窄的柱廊，供传膳的侍者行走。柱廊高11米，柱高8米，下端有柱座。大厅为嵌小方块马赛克的花砖地面（opus sectile），饰有精美的壁画。大厅中央高逾10米，天花板应当由巨大的梁柱支撑，并通过开在高处的数个小窗采光。正厅与观景长廊相通（9），通过后者可前往宫殿此部分的所有豪华房间。大厅另一侧有一座设有柱廊的花园（2），其中建有附设多个服务室的大谈话室一个。稍远处还有小厅、罗马式浴场（6）等。附近另有一座T形厅（5），无疑也是一座餐厅，但规模较小。由此可通向第二座庭院，这座庭院四周也由各类房间环绕，旁侧有一座附设建筑（8），应当是为

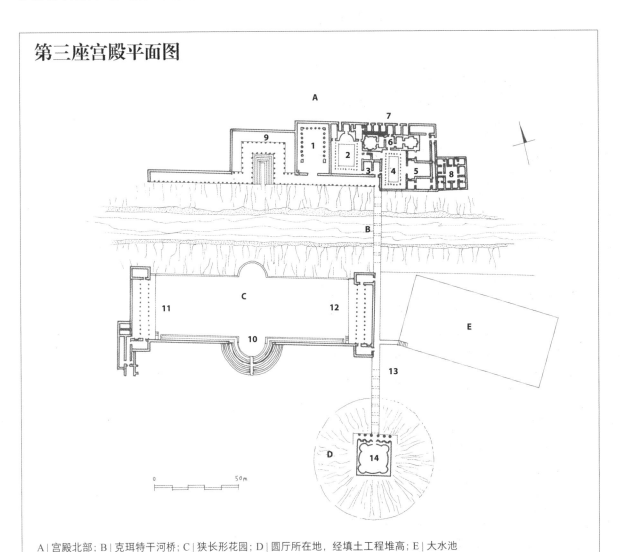

第三座宫殿平面图

A｜宫殿北部；B｜克珥特干河桥；C｜狭长形花园；D｜圆厅所在地，经填土工程堆高；E｜大水池
1｜正厅；2｜庭院，设柱廊；3｜小厅室，连通两面主体建筑；4｜庭院，设柱廊；5｜T形厅；6｜浴池；7｜北侧排房；8｜有露台的建筑；9｜长廊；10｜剧场及水池；11｜西侧附属建筑；12｜东侧附属建筑；13｜主阶梯；14｜圆厅，有穹顶及浴池

提供后勤服务而设的。

宫殿横跨克珥特干河而建,有桥梁(B)连通南北两岸,但如今未留下任何遗迹。宫殿南岸部分内,沿河建有巨大的"狭长形花园"(C),园内设有花坛数座,造型齐整,四周遍植树木。花园南端与一座沿挡土墙而建的长形水池相接,挡土墙上饰有壁龛。水池中央建有小剧场,面朝花园。水池两端各有一处带屋顶的宽敞空间,形似柱廊,均朝向绿地,可作纳凉之用。两处空间旁边附设数个小房间,具体功能尚不可知,但似乎说明这里也可作宴会厅使用(11和12)。

花园另一侧,即东侧,设有92米×40米的泳池,与花园等高。对一座冬宫而言,如此规模的泳池可谓前所未有。泳池中不但可以沐浴、游泳,因面积巨大,还可以在其上泛舟。

过桥后,穿过一条处于桥面延长线上的通道,即抵达一座设有拱孔的阶梯(13)下,阶梯通向宫殿内最震撼人心的部分。此处耸立着一座规模巨大的圆厅(名为"Agrippeum",即"阿格里帕厅"),上有穹顶,基台近乎正方形(20.5米×19.2米),四角设谈话室,下方均配浴室。殿堂的穹顶恢宏气派,在当时罗马世界中无与伦比,让人想到巴亚的海湾或是波左利附近亚维努斯湖沿岸那些气势不凡的建筑。整座圆厅建在锥形假山上,这种布置与希律堡类似。

圆厅前侧建有精美的柱廊。从圆厅远眺王家园林,棕榈园、牧人皆历历在目,从这里直至死海沿岸的无限风光,可以尽收眼底。这座圆厅宏伟之至,是宫内最为尊贵的所在,无论远近,均能望见它的雄姿。

耶利哥战车竞技场

约瑟夫斯在记述希律王晚年历史时,提到耶利哥有一座兼有剧场、战车竞技场、圆形竞技场等多种职能的建筑,同凯撒利亚的战车竞技场类似。希律王似乎在生命的最后几日中,曾有心去耶利哥度过一段安宁的时光。但这座希律王统治即将告终时方才修成的建筑,最终成了他关押最后一批反对者的场所。他们是多名犹太贵族,按王谕应在希律王即将逝世时处死,但希律王死后,这一命令并未执行。也正是在这座规模宏大、可容纳部队的建筑内,希律王之子亚基老在父王死后几日,被军队拥戴成为新王。这座建筑位于耶利哥城西南、冬宫建筑群以北1.5千米的萨马拉地区,20世纪70年代在内策尔组织的考古挖掘中重见天日。在其中长300米、宽80米的跑马道北端,是一座半圆形阶梯剧场,直径70米,可容纳3000名观众。坐在阶梯座位上,观赏跑马道视野极佳。跑马道呈矩形,四周设有柱廊,这一点与撒马利亚运动竞技场颇为相似。在希律王统治期间,这座宏伟的建筑集合了各类表演场地的所有职能,既是体育赛场、竞技场地,又是音乐厅。剧场后方有一座建在高台上的建筑,建筑内有一座中央庭院。这可能是用于接待的前厅,或是体育场。战车竞技场的整体设计颇为新颖,虽说风格与凯撒利亚战车竞技场雷同,但由于遗迹破损严重,我们对它的描述中仍有许多假想的成分。

[双页]
希律王第三座耶利哥冬宫复原图,建于公元前15年前后

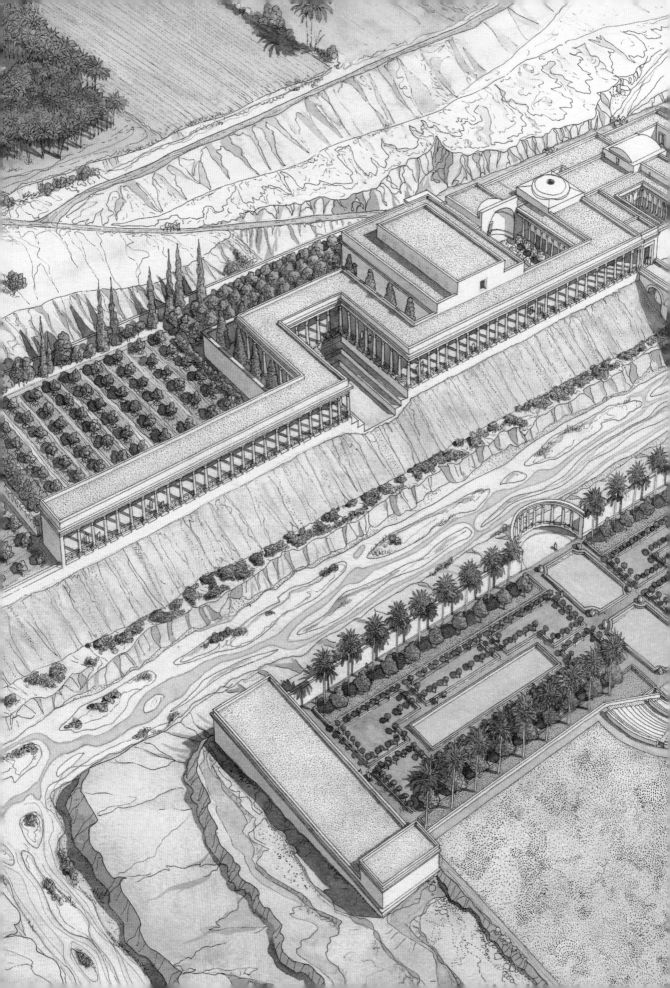

撒马利亚 / 塞巴斯蒂亚城平面图

A | 卫城；B | 城区；C | 希律王所建的城墙
1 | 奥古斯都神殿；2 | 据推测宫殿所在区域；3 | 珀耳塞福涅神殿；4 | 剧场；5 | 建有列柱的大路；
6 | 广场与巴西利卡；7 | 运动竞技场；8 | 西门

　　考古学家尚未明确这座城市（由希律王建于公元前 30—前 25 年）建筑的具体走势，不过，尽管这里地形起伏不平，但城市本身应和之前哈斯蒙尼王朝所建旧城一样，呈规则形状。

　　希律王曾将城墙（宽 3.2 米）加以修复、扩建，并加设塔楼，各塔楼间距约 50 米，一般呈方形，在城门处则为圆形。保存完好的西门（8）处，即有数座圆形塔楼。城墙主要由平直构件筑成，采用希腊式大型城墙砌筑方法，与昔兰尼加的阿波罗尼亚古城类似。城墙周长 3.7 千米，为希律王所建各城中之最大者。

　　在城内中心区域，希律王将哈斯蒙尼王朝的卫城（A）改为纪念性建筑物。自从以色列诸王时代起，这里即是该城的中心，希律王在此处最高点建起大型奥古斯都神殿、一批仓库、一座宫邸。另外，一条贯穿全城、建有列柱的大路，可能也是希律王所修。广场（6）及巴西利卡的一期工程以及运动竞技场（205 米×67 米）（7），也是希律王在位期间所修建。该运动竞技场呈矩形，四周设有柱廊，与耶利哥那座多功能的战车竞技场颇为相似。

撒马利亚 / 塞巴斯蒂亚：
向奥古斯都献礼

撒马利亚位于耶路撒冷以北约 50 千米处，在公元前 9—前 8 世纪，它曾是以色列王国首都。此后，撒马利亚城始终是撒马利亚地区的核心都会，在亚述、巴比伦、阿契美尼德、塞琉古各帝国治下，撒马利亚城为地方总督驻地，因而可以解释当地多族群混居的现象。亚历山大大帝东征后，被遣散的部分马其顿士兵留居于此，亦成为当地族群的一部分。撒马利亚的城防工事在此时期得以加强。公元前 2 世纪末，约翰·海尔卡努斯在征服撒马利亚地区时，将以希腊风格为主的旧城拆毁。公元前 55 年加比尼乌斯执政期间，撒马利亚城得以重建，但被并入叙利亚行省。

撒马利亚是第一座受到希律王青睐的城市。公元前 30 年，在亚克兴之战结束后，屋大维将撒马利亚并入版图。希律王几年之前曾在撒马利亚与米利暗举行婚礼，而此时又迫切希望获得当地民众的拥戴。公元前 31 年的地震，让撒马利亚遭受重创。希律王于是决定重建该城，为了向奥古斯都致敬，还将新城更名为塞巴斯蒂亚。[7] 希律王借机将 6000 人迁入此地，当中许多人为其军中旧部，他们均获分土地。另外也杂有许多盟友部众、邻邦居民，以确保当地的忠诚。

撒马利亚位于高冈之上，地处一片东西长 1200 米、南北宽 900 米的沃土之中。20 世纪前半叶，哈佛大学在当地开展了多次大型考古挖掘工程，其中发现了一系列建筑及要塞，年代最久者可上溯至以色列诸王时代。考古研究还发现，在希律王时代这里曾有过大规模建筑工程。古城呈直角矩形的初期布局，在希律王时期可能未经改动，不过该城堡垒成为希律王改建的重点。希律王的主要公共工程，即奥古斯都神殿、神殿围墙及四周防御工事等，均在这座卫城之中。

塞巴斯蒂亚卫城奥古斯都神殿复原图

奥古斯都神殿（33.5 米×24 米）面北而建，神殿基础部分的墙体及前庭现已挖掘发现。神殿坐落于一座大型庭院（83 米×72 米）之中，高出庭院地面 4 米，庭院内有石板铺面，四周设双层柱廊，柱廊下建有隐廊。神殿的地面高度较周边道路高 18 米。神殿正面楼梯保存完好，设六柱式前廊，四周采用伪围柱式风格，立柱可确定为科林斯柱式，柱间距逾 4 米。进入庭院须经过一道石阶，石阶下方设拱孔，风格与凯撒利亚神殿颇为相似（内策尔在复原研究中，提到此处有一段石阶桥，与耶利哥三号宫的石阶桥相像）。神殿左侧，可辨认出一组仓库（及马厩），朝向一座用于后勤服务的庭院。神殿右侧有一座附带院子的房屋，应该是当时该城总督的居所，或是王室家庭的一座宅邸。图片背景内下侧，可看到一条建有列柱的大路，两侧建有店铺。

奥古斯都神殿正立面复原图

参照图中人物大小，便可一窥神殿的规模。神殿肖立庭院后侧，正面有 6 根石柱、一座祭台，祭台可能位于神殿前方。由于居高而建，规模宏大，从很远处就可看到奥古斯都神殿。神殿是全城的顶点，来往行人接近该城时即能望见，具有极强的象征意义。

塞巴斯蒂亚城广场复原图

与凯撒利亚的广场相较，塞巴斯蒂亚的广场更有名气，在这座由希律王按希腊-罗马风格重建的城市中，广场是市中心的地标建筑。该广场呈 100 米×60 米的矩形，其中一条短边上矗立着一座巴西利卡。右侧可看到剧场的一小部分，剧场后侧为卫城围墙东端，此处应为王宫所在地。在底端左侧背景中，有一条建有列柱的大路。从图中可看出该处地形其实颇显起伏，近景内建筑较稀疏，城中有一处洼地，在图中可见一端，该处洼地内建有运动竞技场，由考古学家挖掘发现。虽说约瑟夫斯对这座运动竞技场并无记载，但据推测是希律王所建。运动场跑道太短（200 米），不能举办战车赛，可能仅用于田径比赛。

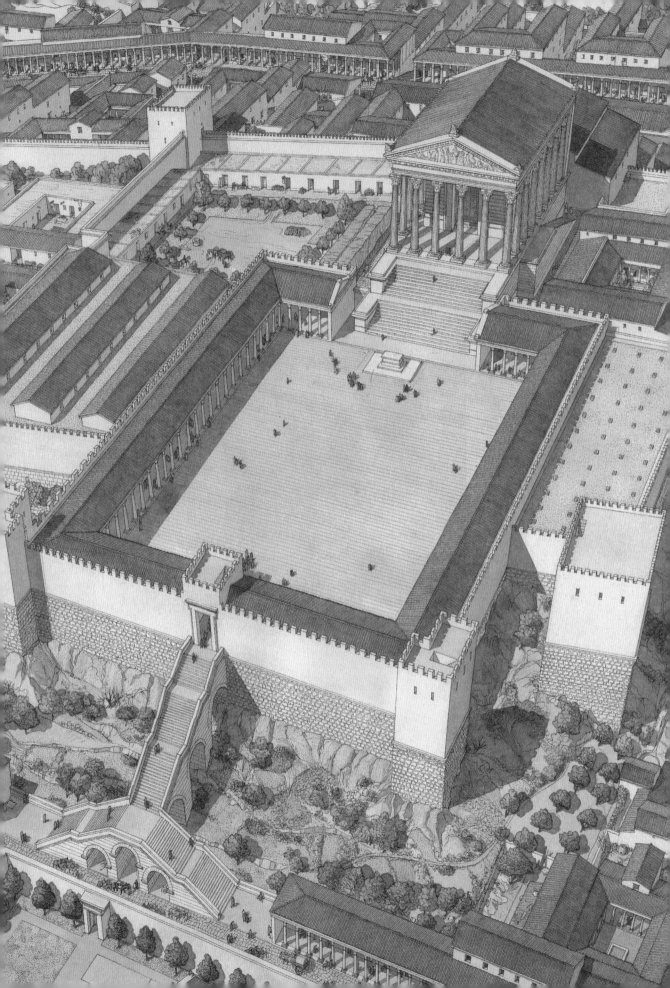

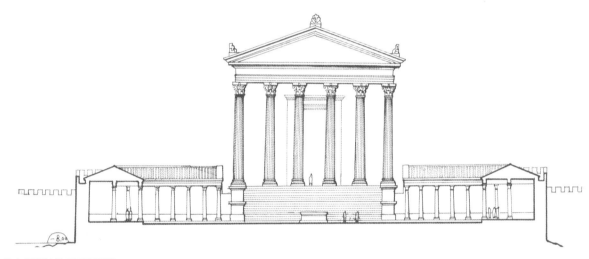

奥古斯都神殿正面复原图

[前页]
塞巴斯蒂亚奥古斯都神殿复原图

[双页]
塞巴斯蒂亚城广场复原图

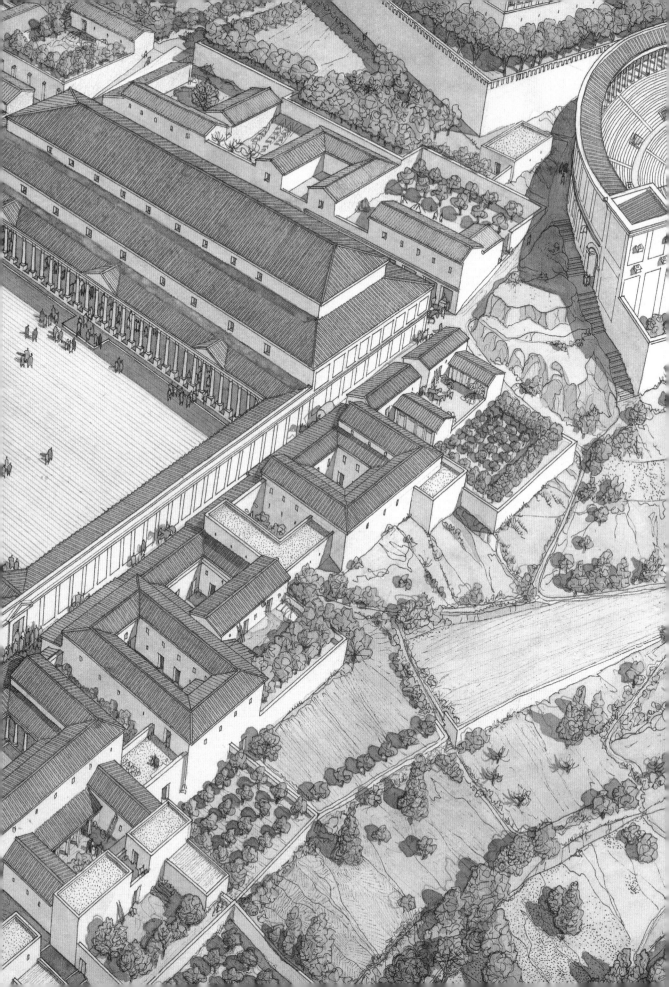

王国都城耶路撒冷

早在公元前4000年，耶路撒冷地区的俄斐勒山上就已有人居住，当地有一处泉水，可用作水源补给。大卫王、所罗门王在位时，原始聚落得到改造、扩建，所罗门王还在摩利亚山[8]修建了圣殿及王宫。也是在这一时期，伴随着人口的增长，居民区开始超出原来的城市界限，向城西另一座山岗的方向延伸。所以从古代时期开始，耶路撒冷城就已有上城、下城之分，其中下城即早先建在俄斐勒山上的古聚落所在地。两片城区由提拉帕谷相隔。

公元前586年犹太人沦为巴比伦之囚，后获释回归故土，在此之后耶路撒冷的规模又缩小回初期状态——仅有下城区域。公元前2世纪哈斯蒙尼王朝时期，城市得以扩建并重回第一圣殿时期的规模。城西欣嫩谷上方，建起一道新城墙。在希律王治下，耶路撒冷开始向北扩张，并超出上城地区范围。据约瑟夫斯记载，为明确城区界限，北侧也建有一道城墙。

毫无疑问，治理耶路撒冷无疑是希律王的一大要务，但他受到祭司阶层在社会、政治方面权力的掣肘。祭司是圣殿的管理者，而圣殿又是耶路撒冷一切生活的中心。因此也可以理解为何希律王改造耶路撒冷的首批工程中会包括安东尼亚堡的重建项目——只要掌控安东尼亚堡，城中发生的一切就尽在掌控之中。

希律王的土木工程规模宏大，其中公共建筑尤为如此。而根据对锡安山东坡与当时大型墓地进行的考古挖掘，这些工程可能也涉及城市中的私人住宅区。不过由于人口密集、城区古旧，加之宗教禁忌较多，耶路撒冷无法实行希腊棋盘方格式城区改造。对此，

约瑟夫斯的记载十分宝贵，特别是其中关于公元66—70年犹太战争的部分。只不过约瑟夫斯主要关注公共建筑，相对忽视城市布局，而由于现代建筑工程影响，考古挖掘中也难以发现古城布局的原貌。但我们可以想见，希律王为实施建筑工程，一定大举改造了首都部分区域，尤其涉及住宅区。

耶路撒冷全景复原图

耶路撒冷全景图，据1966年问世的大型古城模型绘制。古城模型由 M. 阿维-约纳（M. Avi-Yonah）教授按当时的书面文献、考古资料指导制作。

从复原图中可以看见上城地区布局整齐，希律王重建上城时，很可能参照了一份尚不为人所知的希腊棋盘方格式布局图。至于下城则风格迥异，下城房屋建筑紧凑窄小，附带露台，密布在各处坡地上。标示在提拉帕谷中的战车竞技场仍有可商榷之处，因为假如一座建筑如凯撒利亚的战车竞技场一样，兼有运动竞技场、战车竞技场、圆形竞技场等各项职能，那这座建筑应当位于城外平原地区。希律王重建的圣殿恢宏异常。城市各面都有坚固的城墙。

王家官邸：安东尼亚堡

从希律王的生平事迹来看，可以理解他为何有所忧患，也可以明白他为何广建堡垒式宫殿，比如他在耶路撒冷圣殿旁就建起一座堡垒式宫殿，用于控制圣殿，并在必要时充当避难所。安东尼亚堡是希律王在首都建造的首座建筑，属于典型的军事要塞，布局呈方形，大约公元前40—前30年修建，设有微微突出的塔楼，东南角与圣殿的主庭院相接。哈斯蒙尼王朝时期，安东尼亚堡所在地曾有一座名为巴里斯的要塞，由约翰·海尔卡努斯所建。安东尼亚堡内部与宫殿相似，有雅致的庭院，院中设有柱廊，另外还有浴室及部队驻扎所用的兵营。据约瑟夫斯记载，要塞中常驻一个大队的兵力。要塞被命名为安东尼亚堡，是为了向马克·安东尼致敬，当时安东尼是后三头同盟中的一员，掌管东方地区，希律王之所以能够登基为王，部分原因便在于安东尼的支持。

安东尼亚堡的遗迹留存甚少，而且由于保存状态欠佳，对安东尼亚堡的复原全靠推测。但是，虽说难以根据考古成果对其复原，但依然可以按希律堡的外观加以推测，因为希律堡正是以安东尼亚堡为模板修

耶路撒冷模型照片
（让-克劳德·戈尔万 摄）

希律王时代耶路撒冷城示意图

A | 上城；B | 下城；C | 北侧延伸部分；D | 圣殿；E | 希律王大宫殿；F | 三大塔楼

1 | 第一道城墙；2 | 第二道城墙，建于希律王时期；3 | 提拉帕谷；4 | 汲沦谷；5 | 剧场所在地（据猜测）；6 | 犹太公会；7 | 哈宁宫（Palais Hanin）；8 | 该亚法宫所在地（据估计）；9 | 战车竞技场（？）；10 | 西罗亚池；11 | 水池若干；12 | 各各他

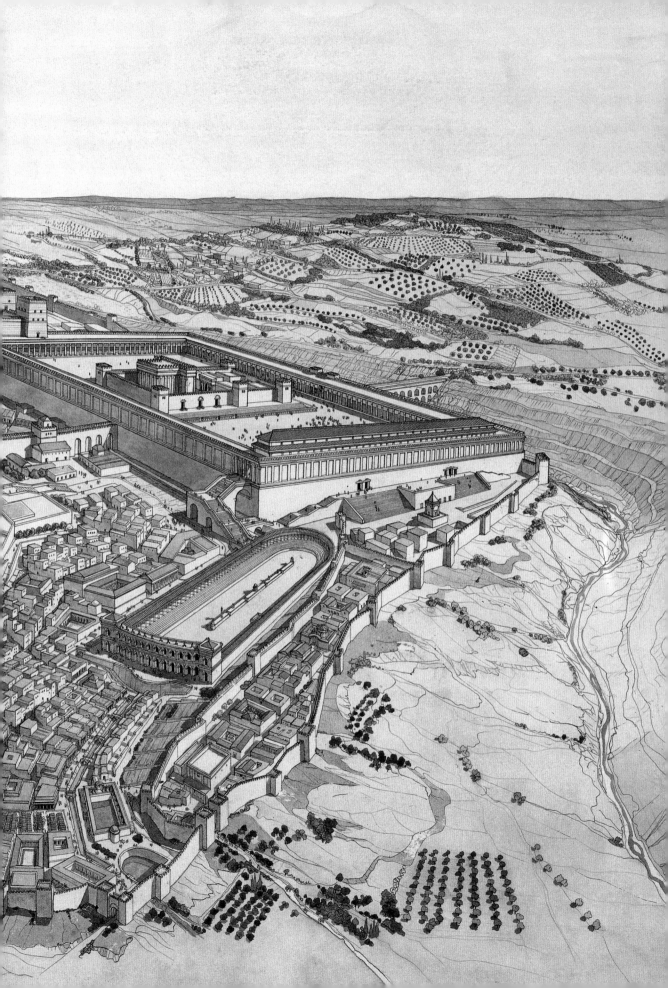

　　安东尼亚堡位于圣殿前第一座广场的西柱廊与北柱廊之间：堡身建在一座高耸的岩石上，岩石四面均十分陡峭，高达 50 肘。安东尼亚堡为希律王所建，是其建筑工程的最高成就。

　　岩石从底部往上均以光滑的石板覆盖，既用于装饰，也用作防御，攀爬塔楼者必会因其光滑的表面滑落。此外，堡身前端还建有一段围墙，高 3 肘，堡垒整体上层结构高达 40 肘。堡垒内部陈设如同宫殿，有多座内宅，各房间形状各异、用处不同，还设有柱廊、浴池及宽广的庭院，院内可容纳部队驻扎。堡中各项设施之完备堪比城池，堡中之富庶有如王宫。总体而言，安东尼亚堡外形只是一座孤塔，但四角又附设另外 4 座塔楼，其中 3 座达 50 肘高；东南角的塔楼则高 70 肘，从上方可以俯瞰整座圣殿。塔楼与圣殿柱廊相连处，设有两座楼梯，卫兵即是由此上下塔楼。在安东尼亚堡内常驻一支罗马步兵大队，每逢节日，卫兵持武器驻守于柱廊内监视民众、维持治安。如果说圣殿如同堡垒一样，高临耶路撒冷城之上，安东尼亚堡则高临圣殿之上。堡内驻兵同时保卫城池与圣殿。至于上城地区，则配有大希律宫作为要塞，而贝泽塔山则如前文所述，并不与安东尼亚堡相接。安东尼亚堡是最高的堡垒，与新城部分地区相连，从北侧看，也是唯一能遮住圣殿的建筑。

　　——弗拉维奥·约瑟夫斯《犹太战史》，第 5 卷，238—246 节

建而成。所以据此猜想，安东尼亚堡应当也配有 4 座塔楼，其中东南的塔楼高于其他 3 座。

3 座大型塔楼

　　多层级塔楼式宫殿为希律王所独创，最初在公元前 30 年后不久，于现今旧城所在处开始修建。塔楼式宫殿有多个楼层，每层宽度逐次递减，形状与亚历山大灯塔类似，可能希律王手下建筑师的灵感正源于此。耶路撒冷的塔楼式宫殿共 3 座，使用巨大的石料筑成，建筑与城墙、主宫殿相连，主要作防御工事之用，是监视城市周边各处的绝佳地点。各个塔楼的上层部分较为开放，设有精美的屋室，因而也是十分可观的古迹遗存。

　　一座以希律王好友的名字命名，称希皮库斯塔，高 40 米；另有一座则为纪念王后米利暗，称米利暗塔，高 27 米；最高一座为法撒勒塔（法撒勒为希律王的兄长），高达 45 米。

大希律宫

　　大希律宫建于城中海拔最高的西侧，也是一处设有防御工事的宫邸，四周建有 15 米高的围墙。大希律宫和圣殿同为耶路撒冷城两大中心，因为大希律宫是国王的住处，也是王家近侍、宫廷成员的所在。这座宫殿城墙高大、塔楼耸峻，因而也是一处引人注目的地标建筑。宫殿地基少有遗迹留存，但我们依然可以凭借约瑟夫斯的记载一瞥大希律宫的整体面貌。约瑟夫斯在书中描述了公元 70 年罗马攻城前夕的耶路

塔楼式宫殿
（让-克劳德·戈尔万　摄）

撒冷，其中就有对大希律宫的叙述。大希律宫是一座奢华的宅邸，同时也是一座堡垒，建筑四周修有高墙，墙上设有间隔相等的塔楼。大希律宫与附近的3座大型塔楼共同构成一套防御体系。

宫殿布局以多座庭院为中心，庭院内设有各式石柱及配有谈话室的柱廊，还有多座典雅的花园、林荫路、水渠、水池等。宫内最大的两座宴会厅（oikos，复数形式为oikoi）正对着这些庭院而建，一座名为恺撒厅，另一座名为阿格里帕厅，均是为向两位人物致敬而命名。两座宴会厅装饰奢华，室内贴金，宝石、彩绘点缀其间，天花板由巨大的横梁托起。凭借保存状态相对完好的耶利哥三号宫，可以大致推测大希律宫的规模，并尽量复原这座古迹的原貌。

重建圣殿

尼布甲尼撒二世攻占耶路撒冷后，所罗门圣殿被摧毁。公元前520年犹太人返回故土后重修圣殿。塞琉古王朝安条克四世时期，在公元前168年起义期间圣殿遭到严重毁坏。公元前63年，圣殿被庞培部队洗劫，遭受更大损毁。若将公元前37年攻城战期间的破坏考虑在内，可以猜想在希律王登基时，第二圣殿可能已是一派残败的景象。

这项宏伟的建筑工程实为希律王统治期内一件大事。希律王之所以如此煞费心力，其实有多重目的，而且兴修圣殿亦与当时的意识形态背景大有关系。首先，重修圣殿符合当时各地领主"乐善好施"（évergétisme）的传统，也是宗教虔诚的表现，希律王兴修圣殿，旨在争取犹太属民的尊敬，因为犹太人对这位窃据哈斯蒙尼家族王位的篡国之人并无多少好感；其次，这项工程也可算作是承继先王遗绪，使希律王得以与古时兴修圣殿的所罗门王相提并论。重建圣殿意义重大，同时获得人民及教会的认可。希律王的圣殿无论规模、形制，均为所罗门圣殿所不及，如此工程，真可谓是居功至伟、无与伦比了。

重建圣殿也得到罗马帝国高层的同意，如阿格里帕公元前15年住棚节时访问圣殿，就对圣殿工程表示了赞成。半个世纪后，亚历山大里亚的斐洛也见证了帝国中央政府对圣殿的扶持。希律王更不会忽视圣殿的经济功能，因为耶路撒冷和犹太王国的大部分经营活动均汇集于圣殿。

希律王一定考虑到了上述背景，新圣殿也同时融合了希腊、罗马、犹太3种建筑风格。另外，圣殿工程也可与麦比拉洞工程相对照。麦比拉洞位于耶路撒冷以南40千米的希伯伦，也由希律王修复，两项工

根据《旧约》还原的所罗门圣殿（《列王纪上》，6—8章；《历代志下》1—6章）

所罗门圣殿

所罗门圣殿严格依照教义的规定建造。教义中对圣殿形制的种种具体规定可谓细致入微，此处暂不赘述，但为便于和希律王圣殿相对比，下文将对所罗门圣殿的基本特征作一概述。所罗门圣殿始建于所罗门王在位（前972—前932年）的第四年，位于耶路撒冷摩利亚山山顶，所罗门之父大卫曾于此处见到异象。圣殿共用7年才建成。建筑规制所用计量单位是"肘"（大约50厘米），之后希律王也在建筑规划中加以沿用。

所罗门圣殿的各项尺寸均为5的倍数：长60肘，宽20肘，高25肘。圣殿建筑由3个连续的主要部分构成：廊子，20肘×10肘；圣所，长40肘；至圣所，各边均为20肘的立方体，用于安放约柜，约柜内为两块刻有摩西律法的石板。约柜由两只10米高的基路伯雕像看护，基路伯翅膀伸展，翅尖触着墙壁。至圣所内壁均覆以木板（野橄榄木或香柏木），外层用精金贴面，并配有装饰。各类金制祭祀礼器放在圣所中：两边各摆放七权金烛台五只，陈设饼桌一张、香炉一个。

圣所与至圣所周围有多间旁屋，按3层分布，屋内宽度逐层增加，各层间有地板门相通。至圣所的门占墙的1/5，圣所的门则占墙的1/4。圣殿门外设铜柱两根，柱头上方饰以铜石榴，外层有铜网包裹。从图片可见，圣殿前方左侧（南侧）设有祭坛、"铜海"以及10只基座有轮的铜盆。所谓"铜海"，即周长30肘的大型容器，下方由12头铜牛支撑，每3头一组，每组牛头对准东南西北中一个方向。圣殿外缘建有围墙，墙基为石质，以松木桁梁加固。修造整座建筑耗费巨大，最终于公元前586年被巴比伦人摧毁。

在犹太人从巴比伦获释返回后，一位犹太贵族所罗巴伯于公元前516年建成第二圣殿，并于同年祝圣。第二圣殿的规模远逊于第一圣殿，后由希律王加以扩建，或者说重建也许更为贴切。公元70年，罗马人在镇压一场持续4年之久的犹太起义期间，将"第三圣殿"摧毁。

程均采用希腊-罗马建筑样式，设有宽阔的平台，以大型扶壁支撑，颇像普莱内斯特城的幸运女神殿，或是蒂沃利的赫拉克勒斯神殿。造型严格遵守在罗马实行的中轴对称原则，与庞培剧场、恺撒与奥古斯都剧场相同。另外，由于新圣殿建筑群需要更大空间，希律王便将整个摩利亚山的地形彻底改造了一番，以便扩大山上的建筑面积，当时的填土工程一定十分浩大。

不过，犹太教教义中对圣殿的位置、规格、布置均有规定，希律王亦不能越轨行事。他手下的建筑师也同样需要恪守圣经中有关圣所形制的说明，异教徒禁入的内部建筑需要始终采用不变的格局与尺寸。建筑今已无存，但通过参考约瑟夫斯的著作与密西拿律法中有关希律王以前时代的叙述，可以找到相关建筑形制的描述。重建圣殿，既要考虑当时古典建筑中柱头、柱式、王家柱廊（basileia stoa）、方庭（quadriportique）等各项构造特征，又要兼顾传统建筑的要求，比如修造内院等，同时又要将二者简化、融合。王家柱廊建在圣殿建筑群中最南端，希律王可在此面向多处地点宣示王权，尤其是面向圣墙之内。

此前哈斯蒙尼王朝时期，君主兼有大祭司职能，而希律王作为世俗君主，在圣墙内并无任何地位。

由此观之，希律王重建的圣殿（也可称之为"第三圣殿"[9]）是一座独一无二的建筑，是罗马帝国开拓创新精神的体现。在建筑设计方面，圣殿工程与奥古斯都在罗马倡导的文化复兴潮流一脉相承。根据约瑟夫斯的记载，这座圣殿宏伟之至，后世建筑均不能企及。当世之人常说，如果谁没看见过希律王圣殿，那他就是从未见过美好的事物。

圣殿工程始于公元前1世纪20年代末，虽说落成仪式在希律王统治期内即已举行，但希律王本人却未能亲眼见证圣殿竣工。其实，近100年后罗马皇帝提图斯攻占耶路撒冷而圣殿遭到摧毁时，圣殿建筑群工程也未彻底结束。

如今，除了几段巨大的挡土墙仍环绕着圣殿山之外，希律王圣殿几乎没有多少遗迹得以留存，至于所罗门圣殿更是已经彻底湮没无踪。不过，凭借宗教文献与约瑟夫斯的记载，我们可以让这座取代所罗门圣殿的宏伟建筑再现昔日的光彩。

圣殿外部复原

根据约瑟夫斯的记载、《密西拿》，以及《塔木德》与《圣经·新约》中的部分相关章节，可以精准复原圣殿的原貌。

希律王圣殿面东而建，方位测定十分精确，而且与所罗门圣殿一样，在布局上遵守了各项教义规定，比如圣殿由廊子（ulam）、圣所（hekhal）、至圣所（débir）三部分组成，而三所厅堂的三面均由一系列相互贯通的旁屋（ta'im）包围。旁屋分为三层，用于存放圣殿内的珍宝，之间用地板上的活动门相通，通过梯子在各层之间上下。圣所和至圣所由地面上一条马赛克铺面分隔开来，上方两张相叠的幔子（traksin）将至圣所遮住，只有大祭司本人才能出入至圣所，而且每年仅能进入一次。

圣所内布置有各类金制圣器：七杈烛台（menorah）、陈设饼桌、香炉以及各类祭祀用的小型陈设。圣所本身也由一道亚麻制的幔子遮住，幔子上饰有多种具有象征意义的彩色图案，每日早晨开门时在廊子中挂起。廊子部分颇高，顶部高达90肘，始终对外开放。廊子入口十分高大，尺寸至少有20米×10米，不设门板，而且是室内唯一的自然采光处。整个圣殿内侧全部贴金，圣所门楣上方设有藤架一座，一条金制葡萄藤蜿蜒其上，从藤上垂下一串串金葡萄，每串均有一人高。另外，圣所、至圣所之上还设有"上屋"（aliyah），60肘×30肘，由此可以登梯到达圣殿顶端。

各类文献很少提及圣殿的外观。整座圣殿高大宏伟，曾有人将圣殿的外形比作一头蹲坐的狮子。圣殿采用白色石料砌成，石块接缝处的处理精致细腻，又有多处用黄金点缀，颇为华丽。圣殿的形制依照教义规定设计，因而无论整体外形还是细节部分，均与希腊-罗马式的审美大相径庭。圣殿的一切均有象征意义。

圣殿本体建筑长、宽、高均为100肘，殿外的围墙（内围墙）围出正方形空间，圣殿与围墙间的露天空地（azarah）仅有祭司和利未人（负责圣殿日常事务的人员）可以出入。东侧祭坛及宰牲处前方，有一道条带状马赛克铺面，标明了以色列男院的范围，男院仅有犹太男性可以进入，普通人也仅能在此参与祭坛上献燔祭等祭祀仪式，而不能深入。

围墙的南北两侧各开有三道门，门内各有一座大厅。除此之外，还分别设有各类办公房（木房、放逐房、石料房、盐房、皮料房、下水房等）。围墙前端有一条高起的过道（chel），宽10肘，可以由各个门前的台阶登上过道。圣殿四周设有一道1.3米高的围栏（soreg），如有非犹太人跨越则处以死刑。外邦人仅能止步于外院。

女院（ezrat nashim）也呈正方形，犹太人无论男女，想走近圣殿者均在女院中集合。女院四角各有一块正方形空间，其中西南角设油房一座，这里建有过道、楼梯，女性可由楼梯登上高台。其他三个角落设有麻风病人房、木房、拿细耳人（nazir，指立誓在一段时间内禁欲苦修之人）房。

从院外到至圣所之间，圣殿各所建筑高度逐次增高。

走出女院，即是外院的高台。高台面积广阔，呈四边形，下方有巨大的挡土墙支撑。高台的西南部分即是现在哭墙的所在，也是希律王所建圣殿仅剩的遗迹。南端矗立着一座会堂，规模极其宏大，大门朝向庭院敞开，这就是王家柱廊。这座建筑及四周的回廊均是遮阴的休憩之所，同时也是圣殿大庭院（亦称"外院"，希伯来文"rachavah"）的边界所在。外院对商人开放。

圣殿剖面图

本图复原了圣殿内部布局，包括相连的三大部分（廊子、圣所、至圣所）以及上屋。为了让读者看到至圣所，图中幔子作透明处理，而真实的幔子则并不透光。图中还能看到圣殿两侧3层的旁屋以及通向平台的楼梯。前景处为尼卡诺门，门前有15层半圆形阶梯。当年在祭坛上举行燔祭，在祭坛对面举行献祭仪式，前来与祭的人在以色列男院中成排站立。廊子入口大开，可以看到里面的柱子，柱头饰有金葡萄藤，在葡萄藤后，圣所的两扇大门洞开。

希律王提议重建所罗门圣殿的演说

臣民集齐后，希律王对众人说道："在最艰难之时，我未曾弃你们于不顾，至于我兴修各类建筑，亦多是为你们的安危，而非为我个人。我相信自己已遵从上帝的旨意，带领犹太人民走入空前的盛世。我们在王国诸城，以及新近兼并的领地内修建各类建筑，让家乡变得美丽起来，对此，你们都十分清楚，我无需赘言。不过，我现在要提议进行一项最虔敬神明、最美丽的工程，你们马上就会明白我的意思。我们的先祖从巴比伦返回故土后，为至尊的神修建圣殿，但尺寸比所罗门第一圣殿小 60 肘。虽然如此，却不应指责先人玩忽圣职，因为圣殿尺寸偏小并非他们的过错，而是由于居鲁士和希斯塔斯帕之子大流士的缘故。圣殿的尺寸由这两人所定，而我们的祖先是其臣属，随后又是其子嗣的臣属，后来又是马其顿人的臣属，所以祖先未能按原始尺寸复建这座诚敬上帝的典范之作。但如今，我奉上帝之命为王，国泰民安，物产富足，而且最重要的一点，是当今的天下之主罗马人亦与我为挚友，因而我想修正先人因臣属外邦而犯下的过错，并以此虔诚之举，感谢上帝赐予我这座王国。"

——弗拉维奥·约瑟夫斯《犹太古史》，第 15 卷，383—387 节

哭墙

（让-克劳德·戈尔万　摄）

希律王圣殿

A | 希律王圣殿;B | 外院北部;C | 外院南部;D | 王家柱廊;
E | 安东尼亚堡

1 和 2 | 户勒大楼梯;3 和 4 | 西楼梯;5 | 西入口;6 | 外侧正
楼梯入口（罗宾逊拱门）;7 | 东入口

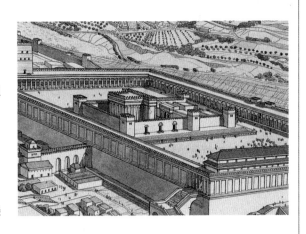

圣殿内院及安东尼亚堡

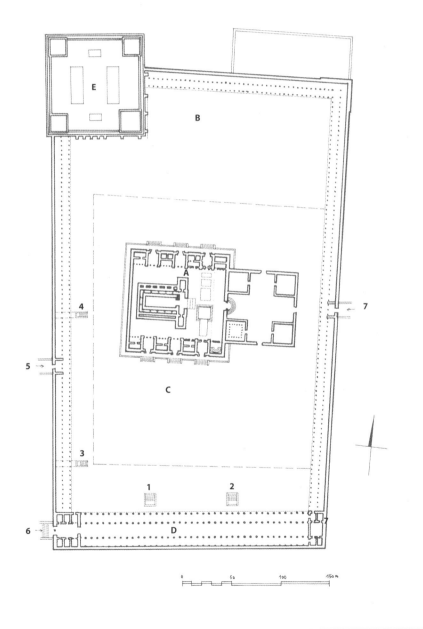

从西北方俯瞰圣殿外院全景图。外邦人不得越过围栏（soreg）。犹太人女院内集会场景

圣殿本体建筑平面图（A）

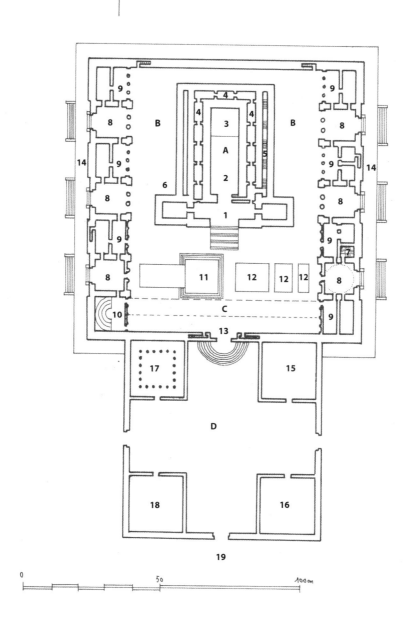

A｜圣殿；B｜祭司院（azarah）；C｜以色列男院（ezrat Ysraël）：虚线处为用马赛克铺面表明的分界线

1｜廊子（ulam）；2｜圣所（hekhal）；3｜至圣所（devir）

*2 和 3 上方：上屋（aliyah）；4｜三层旁屋（藏宝室）；5｜通向高台的楼梯；6｜雨水收集处；7｜通向地下室的楼梯；8｜六道门及门内大厅（三道在北，三道在南）；9｜七座大厅，内部一分为二（四座在北，三座在南）；10｜阶梯大厅；11｜祭坛；12｜宰牲处；13｜尼卡诺门；14｜高起的长过道（chel），经由一条长走廊与地下室相通；

D｜女院

15｜麻风病人房；16｜木房；17｜油房；18｜拿细耳人房；19｜东门，亦称美门

希伯伦：列祖之墓

虚线处为教堂轮廓，实线为希伯伦围墙。

亚伯拉罕曾在希伯伦（大卫王时期犹太王国故都）附近买下一座名为麦比拉洞的洞穴，用于安葬妻子撒拉。亚伯拉罕本人死后亦葬于此，此后，以撒、利百加、利亚、雅各等人均在麦比拉洞安葬。洞穴上建有神祠，59 米 × 34 米，修造年代与耶路撒冷圣殿重建工程相同，因而可推测是希律王所建。虽说约瑟夫斯的相关记载十分简略，而且并未提及希律王的名字，但神祠的建筑风格与圣殿相似，内部 6 座石冢所用大理石品质上乘，而且砌筑工艺细腻精致，均符合希律王建筑的特点。另外，公元前 2 世纪时希伯伦曾局部遭到破坏，而除了希律王外，很难想出谁会有意对此地加以修复，毕竟这是犹太人的传统圣地。希伯伦列祖之墓本来并无屋舍建筑，仅有建在山坡上的一圈墙而已，各段墙面前后错落，上方砌有一道连贯的墙檐。墙面采用方石砌体（opus quadratum），雕花装饰，与耶路撒冷圣殿的基座颇为相似。院落内砖石铺地，不对民众开放。至于列祖之墓的地下部分，则从未有考古学家进行过细致的勘察。

1920 年，在希伯伦以北数千米的幔利发现了另一座院落，与希伯伦神祠有许多相仿之处，特别是两者均采用大块方石，石材风格也十分相似。幔利的神祠是为亚伯拉罕而建，似乎并未完工，约瑟夫斯也未曾提及，也许是由于两座神祠都建在以土买领地之上。不过，各种迹象均表明，这座神祠也应当为希律王所建。

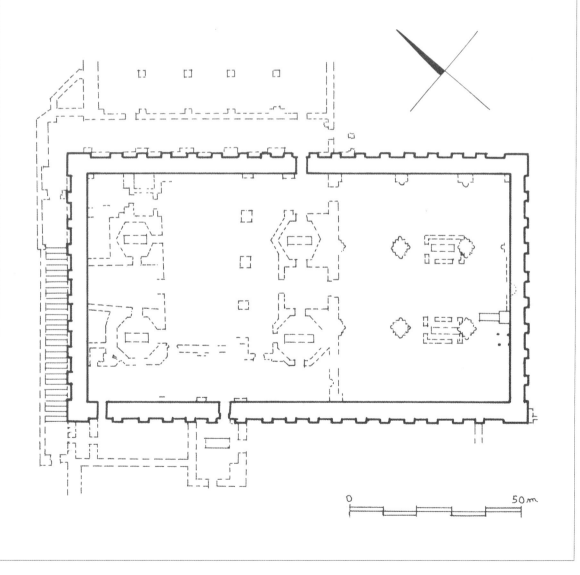

0   50m

凯撒利亚：王国的宣传画

希律王曾兴修一项巨大的工程，有些史学家称之为"希律王的宏图大志"：在一座名为"斯特拉同之塔"的腓尼基古港修筑人造港口，并兴建凯撒利亚。希律王及犹太王国中很大一部分资源均投入这项工程中。斯特拉同之塔最初建于公元前4或前3世纪，亚历山大·詹内乌斯曾占领此地，但庞培又将其从哈斯蒙尼家族手中夺走，并入叙利亚行省。公元前30年，屋大维将斯特拉同之塔交予希律王。于是希律王决定在此建造新港，并附建新城，分别称"塞巴斯蒂亚"和"凯撒利亚"，这两个名字是希律王对恩主奥古斯都的又一次致敬。其实，新城只是为新港而建。之所以选定此处修造港口，主要是缘于政治目的，因为这座港口并无如亚历山大港或波左利港的地利优势。

修建新城需要克服重重困难，如工地选址、新城布局、工程技术难度、各类建筑安排等，部分城区设计还要考虑地形条件限制。该工程的大多规划出自希律王之手，所以希律王可谓是名副其实的项目业主。无论对城内居民还是对外地人而言，凯撒利亚都是希律王盛世的象征，也是王国繁荣昌明的集中展现。

工程始于公元前23—前22年，约公元前10年竣工。时间如此之短，工程如此之快，既有经济原因，又有政治考量。希律王的志向，是让自己的海港最终与亚历山大港一争高下，让凯撒利亚成为罗马世界朝向东方的窗口、犹太王国的门户。希律王敏锐地认识到，克里奥帕特拉曾经的地位如今自己可以取而代之，若能将凯撒利亚港建成国际大港，自己必将在地中海贸易体系中大有一番作为。至于罗马，也可从中分一杯羹，因为罗马可将凯撒利亚作为新的贸易桥头堡，让兼有补给与军事双重任务的帝国舰队在此停泊。比起东线不易设防的安条克，凯撒利亚既安全又高效。

工程并不容易，许多技术问题有待解决，其中主要难点在于当地洋流强劲，导致尼罗河三角洲的淤泥大量沉积于此，因此须在海上筑坝抵挡洋流，让淤泥堆积在港口以南。但当地石材不够坚固，难以筑坝，所以要从波左利、米塞诺两地海湾进口一种名为"卜作岚"（pozzolana）的火山灰水泥，它曾被罗马人用于修建波左利海湾一带的多座港口。在尤里乌斯港，罗马人在为停泊大吨位船只建造船坞与为防止海浪侵袭砌筑防波堤时，使用了卜作岚水泥。所以，若想让这项难于登天的工程又快又好地完成，不但需要各类尖端技术，还得花费规模惊人的人力、物力，更要配备相应的后勤运输，以便运送建材、劳力、技术工匠，这些材料和人员很可能来自意大利。另外，耶利哥、巴尼亚斯、大马士革工程所雇佣的可能是同一批工人，因为各城建筑中都使用了相同的网状砌筑法。

工程先从港口开始。港口的行政管理系统与城内不同，但两者也非相互独立。港口的首要功能是作为运输建材的关键枢纽，而王家舰队也会停驻于此。据约瑟夫斯记载，工程所用的建材着实耗资不菲。另外，这座港口并不只是新城的港口，也是整个王国的港口。在海陆交界处建有一座高台，高临港口与城市之上，台上正中的位置矗立着一座罗马及奥古斯都神殿，旁边建有王宫一座。神殿对着港口方向而建，而非朝向城市。因此神殿的朝向与城内街道走向并不相同，而是偏离了30°。在凯撒利亚，很快就修起希腊-罗马式大城特有的一切宏伟建筑；神殿、宫殿、广场、剧场

凯撒利亚遗址早在19世纪起即受到考古学家关注，但各国考古团队纷至沓来主要是在1950年后。初期以意大利考古队为主，后来以色列-美国联合考古队增多，尤其在1990年后后者成为主力。

经过历次考古研究，学界出版了大量学术成果，本书的写作也多取材于此。考古挖掘成果大多与文献记载吻合，尤其和约瑟夫斯的著作相一致，而他的记载对还原、分析遗址也起到了关键作用，考古、文献两种史料可以互为补充。

不过，仍有许多有关遗址中各建筑布局的问题有待解决，比如：灯塔的位置在哪？灯塔与德鲁苏塔（le Drusion）是什么关系（德鲁苏塔是否就是凯撒利亚灯塔）？希律王仿照罗马罗德岛巨像，在海港入口安置了哪6座巨型雕像？这些雕像是否为罗马皇室成员或罗马神祇的形象？奥古斯都神殿是用何种材料建成的？若要把希律王建筑工程的所有玄机一一探明，恐怕还有许多工作有待完成。

等应有尽有，还建有一座圆形竞技场，兼具战车竞技场的功能。另外，为了与亚历山大港一争高下，海港堤坝上还建有多座巨大的罗马式仓库（horrea），用于储存在港内卸运、中转的各类货物与产品。

正如亚历山大港是为埃及而建，凯撒利亚港则与犹太王国密不可分。希律王两线开工，一边在港口大兴土木，一边在耶路撒冷重建圣殿（说明希律王不但善于从政，而且拥有较强的政治实力，得以将政教分离）。海边的新城完全是希腊-罗马式风格，全然不受犹太律法约束。当地居民完完全全效忠于国王，他们既是犹太王国的一道屏障，又是王国与罗马城、罗马帝国相联结的纽带。另外，凯撒利亚更像希律王的一张宣传画，既彰显他的英明伟大，又突出他与罗马政要间牢固的联盟。凯撒利亚与塞巴斯蒂亚主要是应政治需要而修建，从建设伊始起，就注定是一座希腊-罗马式的城市。

凯撒利亚用典雅的白色石材建成，工程持续了12年左右（前22—前10年），希律王统治期内不断对其加以修整、美化。其中的广场所在区域鲜为人知。至于城市水源，则由一座输水道补给。为庆祝该城竣工，希律王举办了各类盛大的赛事，如运动会、音乐比赛、角斗士比赛、斗兽比赛等，并为优胜者赐予价值不菲的奖品。

此后，凯撒利亚每隔5年举办一次赛事活动，以纪念城市的竣工日。

希律王的辉煌十分短暂，这项伟大的工程不久也即告夭折。凯撒利亚的命运和恺撒此前想为罗马建造的另一座海港一样，很快就被海浪吞噬。

谈到滨海的凯撒利亚，弗拉维奥·约瑟夫斯再一次为我们留下了宝贵的记载。这位犹太史学家在《犹太战史》《犹太古史》两书中，详细描绘了古城及海港的面貌：

他在海边发现一处十分适宜筑城的地方，这便是昔时所称的斯特拉同之塔。他以恢宏的手笔，规划新城以及城中的宫室楼宇，并全部建成。筑城所用的材料并非普通建材，而是白色石料。他在城中修起气势宏伟的宫殿与各类公共建筑。而其中最重要也最耗费人力的建筑即是港口。这座海港避风条件极佳，与比雷埃夫斯港一样大，港内建有多个卸货码头，并配有两座船坞。整个工程中最值得注意的一点——当地条件根本不利于修造港口，而为了完成新港建设，希律王只能耗费巨资从外地调用建筑材料。

——弗拉维奥·约瑟夫斯《犹太古史》，第15卷，331—332节

输水道

新城的水源补给来自城北6千米处、卡尔迈勒山的几处山泉。泉水通过岩石间凿穿的通道或架在墙上的水渠被引向城内，最后要流经一座3.5千米长的高架输水道，最后注入供水池（castellum divisiorum）。早在考古发掘开始前，这套引水设施的遗迹就已经为人所发现。但通过考古研究后，人们才深刻地认识到这套供水系统的复杂之处，并且发现凯撒利亚的供水系统和阿格里帕在罗马建造的大型引水设施颇为相似。阿格里帕的一项重要功绩，即是将罗马城输水道供水系统全部翻新，并新建了尤里亚水道、维尔戈水道。掌握输水道建造技术的罗马工程师可能也获得聘请，赴凯撒利亚指导工程。希律王和阿格里帕的密切关系，必然也从中起到了积极作用。不过，对输水道在凯撒利亚城内的走向，我们仍然不得而知，只能推测在希律王时代，城中仍然大多采用水井体系供水。另外，凯撒利亚输水道的多个桥墩仍然完整地保存至今。罗马皇帝哈德良在位期间，为了镇压135年的巴尔科赫巴起义，曾将这座输水道加长一倍，以供军队补给之用。

凯撒利亚平面图

（参考文献：内策尔，2009，98页，图22）

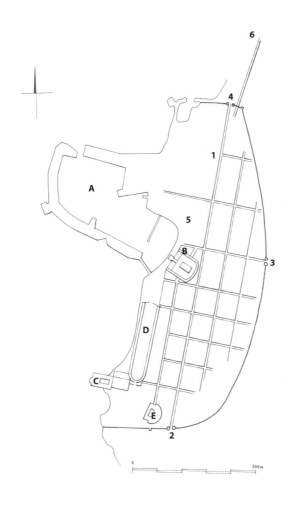

A | 港口；**B** | 罗马及奥古斯都神殿；**C** | 海角宫殿；**D** | 多功能战车竞技场；**E** | 剧场
1 | 南北主干道；**2** | 南门；**3** | 东门（据推测）；**4** | 北门；**5** | 据估计城中广场所在地；**6** | 输水道

　　凯撒利亚城南北长1200米，东西宽500米（未计港口面积）。城市四周有弧形围墙环绕，据推测，城墙上每隔50米就有一座塔楼。

　　罗马及奥古斯都神殿（B）的朝向与市区各街道的走向并不吻合，可能是为了让这座位置显要的建筑对准港口，因为神殿和港口之间具有十分密切的联系。根据弗拉维奥·约瑟夫斯的记载，城中共有南北干道4条，各间距80米，每条街宽5米，又有多条东西干道，各间距90米有余。约瑟夫斯虽未明言，但城区大概是采用棋盘方格式布局，这一点可以根据排水系统、下水道的走向推知，因为下水道是沿道路排列的。在希律王兴建的城市中，唯有凯撒利亚采用了此种布局。

　　剧场坐落在一条南北干道正中，将街道截为两段，是后来增修的建筑。体育场也属增建设施，占据了3座罗马式居民区（insulae）的空间。这两座建筑之所以选址于城内这样的位置，是为了尽量靠近已经建好的宫殿。

希律王以后的凯撒利亚城平面图（2 世纪）

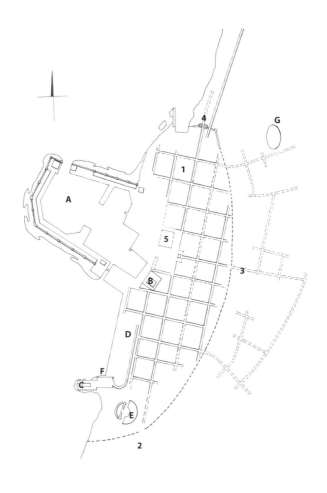

A | 港口；B | 罗马及奥古斯都神殿；C | 海角宫殿；D | 多功能战车竞技场；E | 剧场；F | 海角宫殿；G | 椭圆形竞技场
1 | 南北主干道；2 | 南门；3 | 东门（据推测）；4 | 北门；5 | 据估计城中广场所在地

　　据 Y. 波拉特（Y. Porath）认为，海角宫殿扩建工程的年代应当为希律王之子亚基老在位期间。2 世纪，又增建一座石砌的椭圆形竞技场及一座战车竞技场（位置在本图以外）。在这一时期，各类演出往往使用专用的表演场地，而不像希律王时代，一座多功能场地可以时而用作战车竞技场，时而用作剧场。在城墙外，一块近郊城区也逐渐形成。

　　城墙的走向十分清楚，考古发掘成果也与约瑟夫斯的记载相符。古城西临大海，城墙上分布有多座方塔或圆塔，3 座主城门对应城内主要街道而设，附近城墙上均有塔楼。

[双页]
凯撒利亚全景。古城原始轮廓基本未变，从复原图中仍可领略希律王所建城市的原貌。图中所示为 2 世纪的凯撒利亚城，所以左面有圆形竞技场，右边远景内有大竞技场。城市发展已经超出城墙的界限。

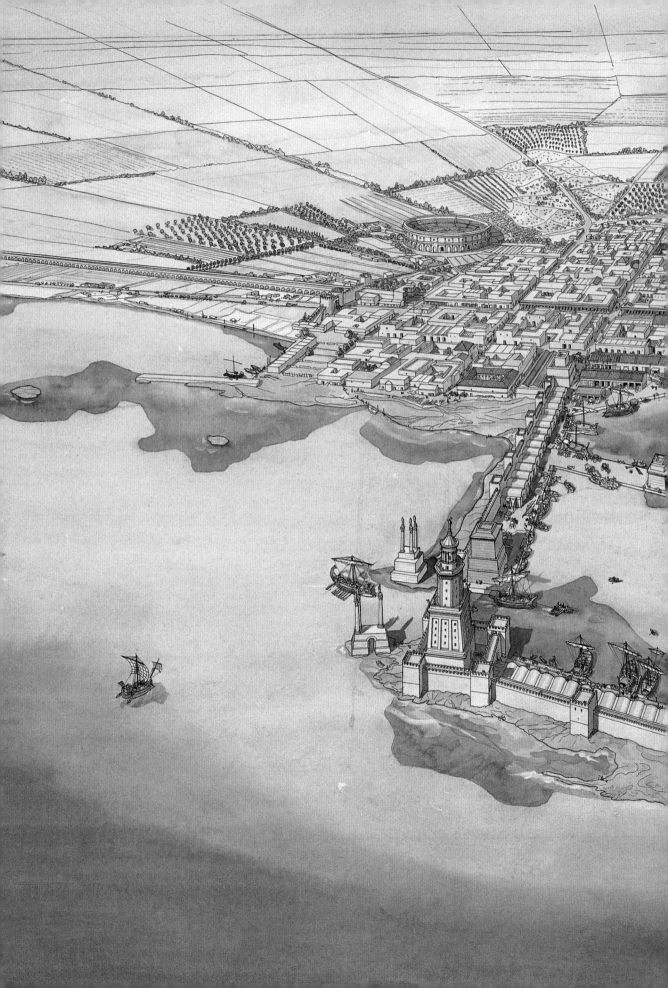

城市位于腓尼基，在去往埃及的海路上，雅法、多珥两座海滨小城之间。船只难以在此靠岸，因为西南风从外海带来大量泥沙，导致海岸泥沙淤积，妨碍泊船，甚至常有商船被迫在海上下锚。希律王解决了这一问题。为了让大型舰队可以在近岸处停泊，他将港口设计为环形，并将许多巨石沉入港内，使水面高度达到20寻[10]；这些巨石大多有50尺[11]长，至少18尺宽，9尺厚，具体尺寸或大或小，稍有增减。希律王在水底巨石上建造了一座长堤，长200尺。其中一半堤坝用于防御海浪侵袭，堤上修有城墙，海浪涌来时会被长堤劈碎，因而这段堤坝也称防波堤。另一部分堤坝上建有一道石墙，墙身被一座座塔楼分成数段，其中最大的塔楼名为德鲁苏塔，造型十分美观，名称来自屋大维英年早逝的继子德鲁苏斯。人们在此处修建了一排拱顶房屋，作为水手的休憩之所。房屋前端，一座宽阔的码头将整个港口环抱在内，同时也是一个宜人的散步场所。海港入口朝向北方，因为北风最为温和。在堤坝尽头、海港入口左侧，矗立着一座塔楼（石块垒砌？），可以抵御强敌入犯，右侧有两座相连而建的巨型高台，规模大过对面的塔楼。海港周围，一排排房屋鳞次栉比地列在岸边，均用精心打磨过的石料砌成。海港中有一座小丘，上面建有恺撒神殿，从海上很远处就能望见，庙内供有罗马和恺撒两尊雕像。城区部分称为凯撒利亚城，其中最令人叹服之处，在于其优质的建筑材料与精致的建筑工艺。

——弗拉维奥·约瑟夫斯《犹太古史》，第15卷，334—339节

港口

公元前22年—前10年，希律王为建造新港，耗费巨资将外地的建筑材料用船运至港口工地。这可能是他统治期内最大的工程。新港口选在一座名叫斯特拉同之塔的腓尼基海港旧址修建，这座海港兴建于哈斯蒙尼王朝时期，公元前63年被庞培占领，随后被并入叙利亚行省。这一段海岸的洋流及风向欠佳，需要修造伸向海中的人工港。希律王为改变不利的自然条件，建起两座巨大的防波堤，一年四季为这座深水港提供避风之所。新港的规模在犹太王国内首屈一指，按照约瑟夫斯的说法，其规模甚至超过了比雷埃夫斯港。

希律王将一些巨大的石块（重达90吨以上）沉入港内，之后利用一番精巧而新颖的建筑工艺，在水底这层石块上建起宽阔的海堤。工人将一些形似驳船的大木箱准确地带到水面对应的位置，之后在木箱内灌入卜作岚混凝土，使其沉入水底。这种混凝土用一种在那不勒斯湾波左利开采的火山灰及石灰制成，具有能在水中凝固的特性。港口码头总长达1000米。

首先建成的是宫殿和港口，因为港口要用于卸运建筑材料，宫殿的作用则是让希律王可以时常前来视察工地。港口周围建有城墙，墙上每隔一段距离设塔楼一座。在海港入口，可以看到宏伟的德鲁苏塔，塔名来自奥古斯都的第二位继子德鲁苏斯，他于公元前9年死于日耳曼，时年尚不足30岁。德鲁苏塔又是一座典型的塔楼式宫殿，这种独特的建筑也可见于耶路撒冷，希律堡在某种程度上也可归于此类。城墙内侧的码头边，可以看到一排穹顶库房，既可用于堆放货物，也是水手的休息场所。海港入口宽约20米，入口旁耸立着3根石柱，石柱下方均有台座，柱顶设有巨大的雕像。

举世闻名的亚历山大灯塔，由托勒密二世修建。希律王的塔楼式宫殿建筑风格颇受其影响。亚历山大灯塔体形庞大，墙体坚固，部分采用斜墙。塔身分数层，每层宽度向上逐次递减，与耶路撒冷的各个塔楼相同。希律王对亚历山大里亚这座东方第一名城十分熟悉，并在各个方面都受到这座城市的渐染，不过目前仍未在亚历山大里亚发现宫殿的遗迹。当地的洛察斯海角上有过几处宫殿，可能曾为凯撒利亚临海王宫的建设所借鉴。

神殿

罗马及奥古斯都神殿复原

　　神殿正对港口而建，海上航行而来的人如果远眺海港，那神殿一定是最显眼的建筑。神殿建在一座人工高台上，台面铺有大理石，高 13 米，俯临整个海港。一道宽阔的石阶通向台顶，石阶下方有拱孔，两侧应当各有一座花园。本图中，神殿好似海港的巨大背景，海港的业务则由几艘船表示。神殿前端绘有一座祭坛，但祭坛不应当设在基坛上，因为这样的话基坛纯属多余之物。根据内策尔的观点，祭坛应设在希腊式梯状基座（krepis）上。另外，高台两侧各有一道石阶。由于神殿朝向和城区街道方向偏离 30°，所以神殿两侧房屋的布局从中起到了衔接的作用。本图作者根据学界对广场所在地的推测，在复原图左侧绘有广场的一部分。广场后方是横穿而过的南北主干道，可能有一条更加宽阔的斜向大路与之相接，这条大路一端为神殿的圣域（téménos），另一端为城门。

罗马及奥古斯都神殿平面图
（参考文献：内策尔，2009，100 页，图 23）

　　虽然神殿的基座以上部分并未留下任何遗迹，但根据最新考古发掘成果，学界对高台及神殿本体建筑的结构、尺寸获得了翔实的信息。如将弯曲部分计算在内，承载神殿的高台总长 100 米，宽 90 米；神殿的圣域包含两块向西突出的部分，圣域三面由宽广的柱廊环绕。神殿本体建筑长 46.4 米，宽 18.6 米，前端建有一道石阶。据约瑟夫斯记载，支撑神室（cella）墙壁及四周柱廊的墙基宽 8 米，柱廊可能采用科林斯柱式。安放神像的神室（naos）中供奉两座巨大的神像，其中一座为罗马皇帝像，按斐迪亚斯雕刻的宙斯形象设计，另一座神像尺寸相同，仿照阿尔戈斯赫拉神殿的赫拉形象雕成。根据神室西侧门廊（pronaos）的布局，可以推知神殿面向港口而建。

宫殿

海角宫殿复原平面图

海角宫殿可能是希律王在凯撒利亚修建的唯一一座王宫。宫殿建在港口南侧，位于战车竞技场和剧场之间，建筑分下宫、上宫（又称第 2 宫殿）两部分，低层的下宫大概是在公元前 1 世纪 20 年代末建成，希律王视察工地时曾居住于此。高层的上宫是后来公元前 15—前 10 年修建的，用于接待来宾。公元 6 年后，由于凯撒利亚被选为犹太行省首府，整座宫殿于是成为罗马总督驻地。日后的使徒保罗、凯撒利亚的多位殉难基督徒、拉比文献中提到的犹太族群成员，可能都是在此接受审讯。尽管遗址保存状况不佳，但仍可以对宫殿样貌加以复原。

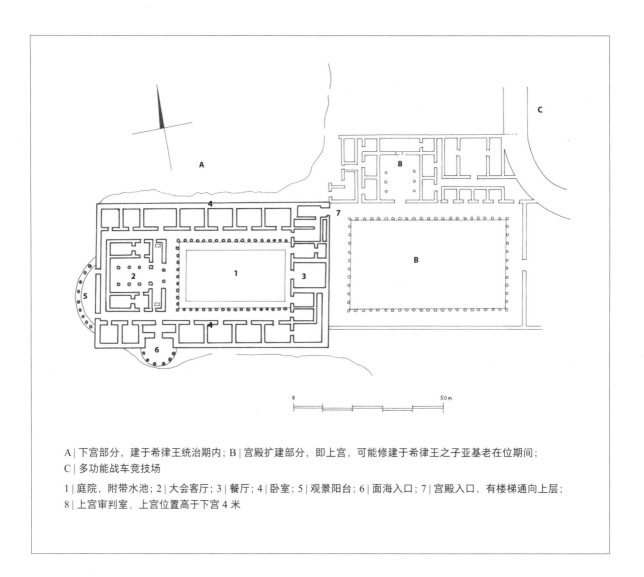

A | 下宫部分，建于希律王统治期内；B | 宫殿扩建部分，即上宫，可能修建于希律王之子亚基老在位期间；
C | 多功能战车竞技场

1 | 庭院，附带水池；2 | 大会客厅；3 | 餐厅；4 | 卧室；5 | 观景阳台；6 | 面海入口；7 | 宫殿入口，有楼梯通向上层；
8 | 上宫审判室，上宫位置高于下宫 4 米

海角宫殿剖面图

　　希律王在位期间建成的下宫，分两层，围绕一座设有柱廊的庭院而建，庭院中有一个 35 米 × 18 米、最初可能为泳池（natatio）的大水池。庭院中央的装饰物（在水池中间可能有一座雕塑或小亭）未在图中画出。从左侧大门进入，可通向一座前厅，随后进入庭院。沿着长方形庭院两侧有多个房间（用于后勤服务或作卧室）。右侧为大会客厅，有柱廊，可能是穹顶。会客室四周有数个较小的厅室，可能其中两处露天，作采光之用。左面为主餐厅。此处有一座楼梯通向楼上，但我们对楼上的布局一无所知，只知道楼上布局与楼下的应当基本相仿，而且楼上的部分起居室后来被用作总督官邸。另外，这里必然与希律王建造的其他所有宫殿一样，在内部设有浴池。楼上建有一座谈话室，朝向西侧，应当和一座海景阳台相通。整体布局十分紧凑，与希律王在耶利哥建造的首座宫殿相似。

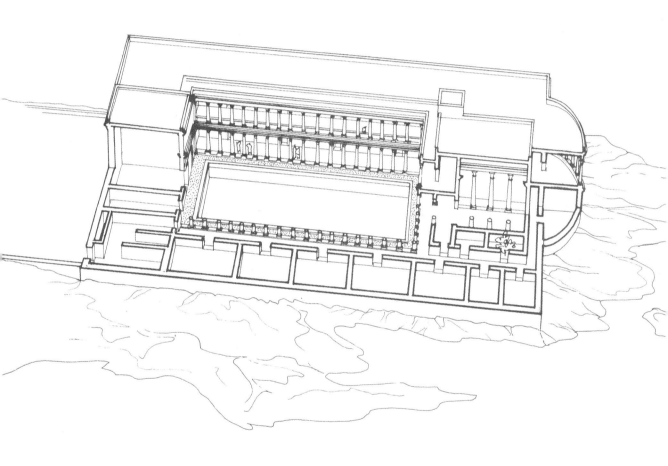

凯撒利亚海角宫殿全景复原图

海角宫殿全景复原图

  宫殿建在一座仅约百米长的海角之上，当年这座海角应当略大一些。如此的环境，让人不禁联想到此前马克·安东尼在亚历山大里亚修建的蒂莫尼姆宫（Timonion），那也是一座面海而建的宫殿，还附设剧场。海角宫殿的遗迹大多遭海浪侵蚀，但根据各类可以辨识的线索，建筑的各项特征已基本得到复原。我们无从得知楼上外侧设有柱廊还是仅有简单的窗户。学者们倾向于后一种猜测，因为宫殿面海而建，这里不但海风强劲，而且时不时有海浪来袭。海角宫殿大概和哈斯蒙尼家族修建的王宫一样，对露台采用了封闭式设计，而希律王也的确往往参照哈斯蒙尼王朝的建

筑。海角宫殿外形简朴，但宫内的庭院、浴池（长 35 米，宽 18 米，深 2 米）等处风格却完全不同，营造的居住环境舒适雅致。浴池不同于大海，一年四季都可洗浴。根据 Y. 波拉特的观点，宫殿的扩建部分是在亚基老在位期间所建的，不过此处在扩建前可能已有一座优美的花园。这块空间不太可能闲置，因为这里也是宫殿的入口所在。我们还添加了一些后勤服务建筑（服务人员及马厩）、一座兵营，因为这类必备的附属设施只能在这些位置。

  前景战车竞技场内正在举办马车赛，场内立起一座仅有 2 米宽的分隔岛（spina）。分隔岛是一道轻质的矮墙（木质?），用于分隔场地，应当可以移动

以便适应不同赛事的需要（田径比赛、角斗、人兽搏斗等）。战车竞技场具有战车竞技场与竞技体育场的双重功能，因而考古学家也称之为"战车体育场"（hippodrome-stadium），内策尔则将其定义为多功能设施。战车竞技场建造方向与海岸平行，南北向伸展，建筑呈 U 字形，东面封闭。跑道长 303 米，宽 50.35 米，可通过建筑两端的两座主门进入战车竞技场，一座在南，可在复原图中看到，北侧中央设有一道拱门，拱门两侧各安置 5 座栅门（carcere），可供 10 辆战车同时参赛（通常罗马竞技场设 12 座栅门）。鉴于栅门位置与跑道平行，学者猜想这里的赛事并非如同马克西穆斯竞技场等地举办的普通罗马战车赛，而是操演赛

（hippika），亦即直线竞赛，并在转向柱（meta prima）转向一次。可能这里直到 2 世纪方才引进围绕分隔岛举行的罗马战车竞技赛。在跑道另一端，可以看到分隔主席台的护墙。观众席（cavea）共 12 排阶梯座位，其中设有许多小阶梯，将观众席分为一个个 25 米—30 米宽的分区，总共可容纳 10000 名观众。该建筑的台基十分低矮（1.7 米），边缘应当设有一道保护网，由一排间隔均匀的支柱撑开，现已发现支柱的遗迹。

公元 70 年大起义结束后，海角宫殿成为罗马皇帝提图斯的战俘营。提图斯之子曾举办多场赛事庆祝胜利，并在其间处决战俘，刑场可能就在海角宫殿内。远景内为剧场，更远处是围墙南段。

剧场

剧场是凯撒利亚古城保存最好的建筑之一，在1959—1964年便开展过考古挖掘，为犹地亚地区之首。在建造剧场之时，一次重大的建筑工艺革新正在罗马世界内展开。此前很长时期内，罗马式剧场与各类大型表演场地通常为木制临时建筑，而凯撒利亚剧场则采用了新型的建筑工艺，以石料砌成。这场工艺

革新肇始于罗马庞培剧场，巴尔布斯剧场、马尔凯路斯剧场纷纷效仿。帝国各个行省也并未落后，希律王在建造凯撒利亚剧场的同时，阿格里帕正在伊比利亚半岛的梅里达修建另一座剧场，工程从公元前19年持续至公元前16年，为彰显王权，附近还修建了一座战车竞技场和一座宫殿。梅里达剧场观众席面西，朝向大海。

凯撒利亚剧场舞台后的背景墙比较独特，呈弧形，而非平直。舞台后方半椭圆形的柱廊内，应当有一座花园。这座剧场直径达85米，可容纳约5000人。观众可通过围墙上的13座大门进入剧场，门内为剧场长廊（ambulatorium），这里有6个入场口（vomitoria），由此穿过，即可进入观众席。观众席内包括3座露台，上层可能还有一条封闭式长廊，可通过露台尽头的旋转楼梯上下，但我们不知道观众是否可在长廊内就座。乐池的南北两侧各开一条"边道"（parodos，复数为parodoi），以便演出者出入。该剧场曾于2世纪扩建，舞台背景墙也被重建。虽然我们对扩建工程知之甚少，但根据几处原始建筑的遗迹，可以再现剧场的原貌。

凯撒利亚剧场构造宏伟，造型美观，专为舞台表演、音乐比赛而建，是城内一大重要设施。另外，剧场与多功能战车竞技场同为海角宫殿名副其实的附属建筑。

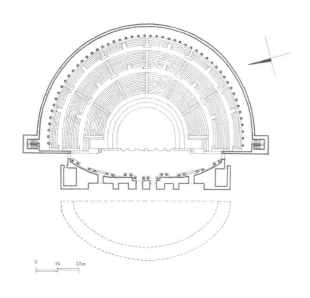

剧场平面图
（图片参考文献：内策尔，114页，图26）

梅里达剧场

（弗雷德里克·隆科 摄）

公元前 10 年希律王于战车竞技场举办赛事庆祝新城落成

在这一时期，希律王兴建的凯撒利亚、塞巴斯蒂亚竣工，10 年之内，工程顺利完成。竣工日期定为希律王第 28 年，根据奥林匹亚纪年为第 192 届奥林匹亚德。为向新城献礼，人们花费巨资，筹办了一场盛大的庆祝活动。希律王宣布将举行音乐及竞技比赛，并从罗马及其他地方调来众多角斗士、野兽、赛马，以及各类奢华的装饰。希律王将赛事作为给罗马皇帝的献礼，并决定每四年举办一次。皇帝为了彰显自己慷慨大方，亲自支付了这场豪华盛会的全部费用。

——弗拉维奥·约瑟夫斯《犹太古史》，第 16 卷，136—138 节

梅里达竞技场

（让-克劳德·戈尔万 摄）

希律堡

早在 1836 年，富赖迪斯山（Jebel Fureidis）遗址就被认定为希律堡所在地，但直到 20 世纪 60 年代才开始初期发掘工作，主要的考古工作开展于 1972—2000 年，由以色列著名考古学家内策尔主持。

希律堡工程始于公元前 1 世纪 20 年代中期，选址于耶路撒冷以南的一块处女地上，与犹地亚沙漠及摩押诸山（见图中远景）相连。正是在这里，公元前 40 年，希律王曾大败哈斯蒙尼家族。此地距耶路撒冷十几千米，步行约需 3 小时。希律堡既是夏宫，又是纪念性建筑物，也是一处行政中心，因为希律王曾将自己的政权定都于此。希律堡占地 25 公顷，建筑底部有巨大的人工填方，当年曾用于改造地势，或是为了将围墙埋入土中一定深度。希律堡包括两组建筑，分多道工序建成。第一组建筑位于山丘上——包括一座锥形高塔，可通过一道 200 级的楼梯上下——虽说整体建筑形似卫城上的要塞，但其实是一座实实在在的王家别墅。这组建筑呈环形，规模宏大，有意让人从远处就能望到。第二组建筑为山丘脚下的宫殿，底部修有坚固的地基，从宫殿内的一系列房间里可以俯瞰山谷。这里建有一座宽敞的庭院，院内中央是一个巨大的方形水池，一座输水道专为希律堡而建，从 5 千米外引水到方形水池中。建筑整体围绕水池及池边花园而建，有专门用作体操锻炼或舞台表演的场所，不过也附设一座图书馆和几处文房，为希律朝廷办公之所。

希律堡被设计为一座名副其实的王家别墅，周围环境安全而且规划有序。山上的堡垒式宫殿造型粗矮，山下的王宫则门庭华丽，柱廊井然，一座座花园中草木繁茂，与山上迥异。整体建筑按照地势分层规划，并搭配露台、斜坡等元素，让人想到帕加马的建筑风格，同时也很像罗马附近普莱内斯特城的幸运女神殿。

此外，希律王即位之初，曾将哈斯蒙尼王朝在耶路撒冷建造的安东尼堡改造为宫殿，希律堡一定也曾参考过这座建筑。

希律王修造此建筑群具有明确的目的，其中的政治宣传功能不言而喻：希律堡既不是供奉英雄人物的圣殿，也不是一位神化君王的陵墓，而是一座宣传希律王意识形态的纪念堂，并在造型上参考了罗马的奥古斯都陵。

希律堡
（© akg-images/Erich Lessing）

［下页］
希律堡复原图

婚后，希律王修造了一座新堡垒。此前安提柯在位时，希律王曾遭驱逐，但随后又率军击败犹太人，堡垒选址正是当年战场所在地。此处距耶路撒冷约 60 斯达地，地势易于防守，十分适合营建堡垒，不但地处高丘之上，而且又经人工填高，整体形似乳头。每隔一段距离即设圆塔一座，每座塔均需经由一道陡峭的楼梯上下，阶梯约 200 级，用打磨过的石块砌成，内部是一座座奢华的内宅。圆塔既可用于设防，又十分宜居。希律王曾在山丘底部大举动工，其中最重要的是引水工程，因为这里没有水源，所以需要耗费巨资从别处引水。整个山丘如同一座卫城，保护着山下的建筑，此处的宫室楼台规模恢宏，不亚于任一座城市。

——弗拉维奥·约瑟夫斯《犹太古史》，第 15 卷，323—325 节

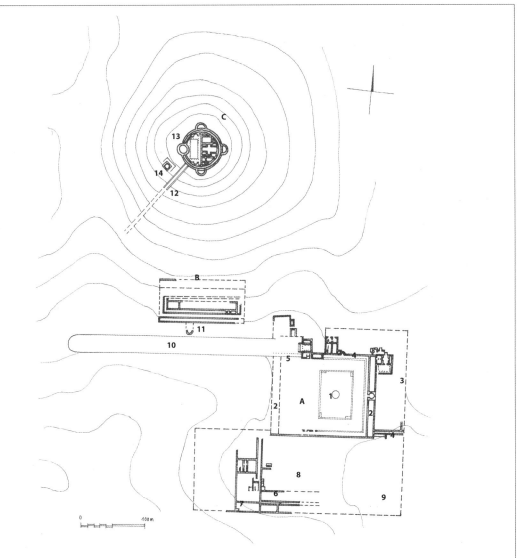

A｜下宫

1｜大水池及中厅；**2**｜庭院两侧的双层居住区；**3**｜浴池；**4**｜附属建筑；**5**｜大厅，墙壁设有多处壁龛；**6**｜居室；**7**｜小浴池；**8**｜花园；**9**｜果园

B｜大宫殿

10｜跑道；**11**｜包厢

C｜山上的堡垒式宫殿

12｜拱顶楼梯；**13**｜堡垒式宫殿的大型塔楼；**14**｜王陵，现已开掘

下宫（A）

下宫呈规则矩形（150米×120米），占地广阔，建筑构思与哈斯蒙尼家族的耶利哥宫颇有相似之处，而且希律王也曾在耶利哥宫住过。下宫东西两侧各有一组长形建筑对称分布，并附带一座宽广的花园。一个奢华无比的水池（70米×50米）坐落于花园中央，池中小渚上，当年大概曾有一座石柱小亭。这里有为数众多的人工浴池，这与当地气候条件密切相关：虽说夏季炎热，但下午的微风颇为凉爽，至于春冬两季，则少有露天游泳的人。附属建筑（西南方向）中，包括多所浴室、服务间、仓库、马厩。北面另有

一组建筑，规模较大，可能用于接待来宾，不过仅有部分遗迹为人所了解。其中有几座住宅、数个附带的花园、果园、仓库、牲畜棚、行政办公处等。

和"大宫殿"相邻处，有一条跑道（350米×30米），以及一座中轴对称、墙壁设壁龛的建筑。不过，这条跑道如果说是用于战车竞技场，则太短；如果是用于运动竞技场，则太长。所以这里可能是在举行葬礼的时期所修建，因为赛跑既是一种体育表演，同时也是一种仪式。在这里举行赛跑，可以从大宫殿的看台上直接观看。仪式性赛跑的图案往往会出现在希腊式陵墓中，突尼斯沙格镇遗址就是一例。墙壁设凹洞

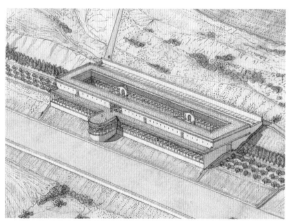

的大厅按中轴线对称设计，有拱顶，位于跑道最西端，很像与法国尼姆奥古斯都神殿相连的那座被称作"狄安娜神殿"的建筑。由此向北走，穿过一座邻接的大厅，走上楼梯，可进入一个上层房间，可能是一个看台，在此可以观赏下宫的花园、水池。

大宫殿（B）

"大宫殿"（130米×55米）建在半坡上，由此可以俯瞰跑道，根据仅存的地基遗迹判断，大宫殿应是有庭院的长条形建筑。整座建筑随山坡地势起伏，其

底部是一层结构庞大、设计粗犷的建筑；上层宫殿则与之相反，造型华丽尊贵，可能设有精致的柱廊阳台，可供观景之用。阳台与这里的风光山色相对而建，脚下的宫室屋舍向南延伸，与远处的平原、山峦相接。希律王主持的建筑工程中，许多特色曾借鉴亚历山大里亚的王家庭院、柱廊，但在亚历山大里亚并未找到与此宫殿相关的建筑遗迹。

山上的堡垒式宫殿（C）

希律王为开采土料将堡垒所在的山头填补成规则形状，曾铲平一整座山丘。山体被填成一座底宽180米、高32米的规则圆锥体。对周围环境而言，山体的几何形状具有极大的冲击力，远在耶路撒冷城郊就能望见。它体积庞大，高耸入云，规则的造型又与附近景物对比鲜明，着实令人惊叹，而高峻上指的山势也更加烘托出山顶王陵及宫殿的气魄。山体高临平原

上整个宫殿群，某种意义上，也成了山下宫殿的卫城。其圆锥形设计可能参照了几年前在罗马建成的奥古斯都陵，但是在山上修起一座环形宫殿，则是希律王所独创，是他在建筑上善于创新的体现。

这座"夏宫"其实并非真正的堡垒，而是戒备森严的宅邸，如要出入其中，需经由一条长约100米的封闭楼梯通道。宫殿直径达63米，东西南北四个方位各设一座塔楼，其中最高的东塔上视野绝佳，让人联想到位于耶路撒冷与凯撒利亚、同样为希律王首创的塔楼式宫殿。宫殿围墙呈环形，有内外两层，在围墙及塔楼内最下层为地窖，内宅则位于较高楼层，一扇扇小窗朝内或朝外而开。雨水经过细心收集，储存在室内蓄水池中，供整座宫殿使用。

圆环中心处是整座宫殿最尊贵的地方，其中包括一座雅致的花园式庭院（40米×17.5米），呈矩形，四面围有柱廊，一座宽敞的餐厅（15米×10米）坐

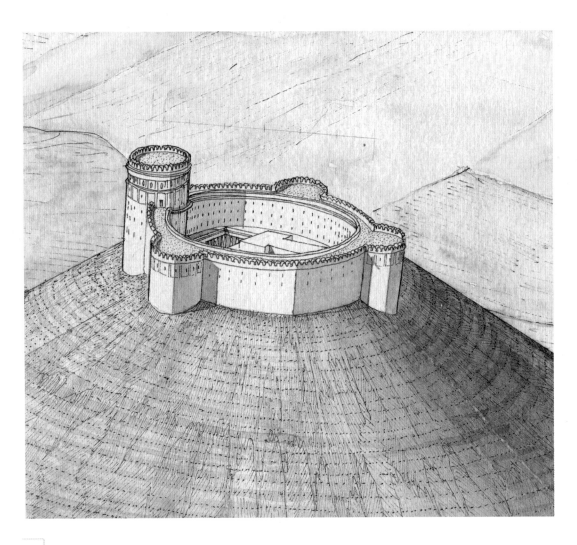

落在柱廊中轴线上。这里还有多所豪华雅间、浴室，浴室均用马赛克铺面，冷水池（frigidarium）的上方是雕琢精美的穹顶。宫内屋舍均以图案对称的壁画装饰。

"希律王陵"

约瑟夫斯记载称，希律王死后，遗体安置于希律堡，但书中仅叙述了葬礼经过，对希律王的陵墓只字未提。所以对王陵位置、墓室布局等问题，一直存有各种猜测，相关探讨亦始终没有定论。希律堡人造山丘东南坡上发现部分建筑遗址，内策尔曾将那里认定为希律王陵。

本书对王陵的描述参考了考古学家 R. 劳瑞斯–莎齐（R. Laureys-Chachy）的复原成果（参见：内策尔，2009，XII 页，图 IV）。遗址地基仍然保存完好，内策尔在挖掘工作中亦发现若干建筑残块散落各处，劳瑞斯–莎齐通过分析研究这些遗迹，复原了王陵的面貌。王陵基坛为边长 10 米的正方形，四角有壁柱，檐部采用多立克柱式。王陵上方，筑有爱奥尼柱式的环形柱廊，并配有锥形顶饰。本书图中将这座建筑归于原位，亦即人造山丘东南面半坡位置。王陵高居山上，遥遥可见，从耶路撒冷城望去，整座建筑历历在目。陵内有 3 座墓，据发掘者称，其中占据主位者即是希律王墓。希律王陵与耶路撒冷汲沦谷的押沙龙陵颇为相似，

采用了分层设计及方形布局，也很像非洲发现的一些希腊式陵墓，比如沙格镇的古墓即是一例。

然而，将此座遗迹认定为"希律王陵"的观点很快遭到质疑，而且反对者的说法似乎也并非没有道理。这座陵尺寸较小，其构造也不符合希律王一贯采用的建筑规制，而且与希律王本人有意向后代彰显的伟大形象更不相配。另外，陵墓位置与约瑟夫斯有关希律王葬礼的记载相悖，据书中称，王陵在希律堡建筑布局中应当占据显要地位，希律王有意效仿罗马皇帝，在墓葬上取法于罗马的奥古斯都陵，他一定是想将希律堡作为自家王朝的一处标志。此外，根据本书提供的复原图，这座陵似系后来增建，所以我们可以推测这座增修陵墓其实是为安葬希律王家人、近侍而建，希律王陵并不在此，而是可能位于希律堡顶端或人造山丘正中心等核心位置。正如亚历山大大帝、安东尼、克里奥帕特拉的陵墓一样，希律王陵的所在地仍然有待探索。

罗马奥古斯都陵

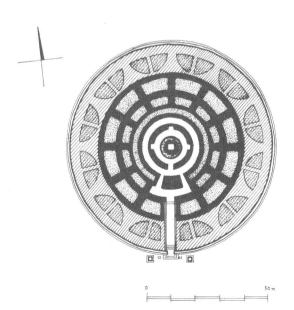

奥古斯都陵复原图
（内部平面图）

沙格镇陵墓

押沙龙（大卫王之子）墓，部分在岩石中凿成，保存状态十分完好，建造年代为公元前 1 世纪，造型与希律王陵十分接近，可能曾为希律王所参考（让-克劳德·戈尔万 摄）

[上页]"希律王陵"复原图

[双页]
奥古斯都神殿，位于法国尼姆喷泉花园

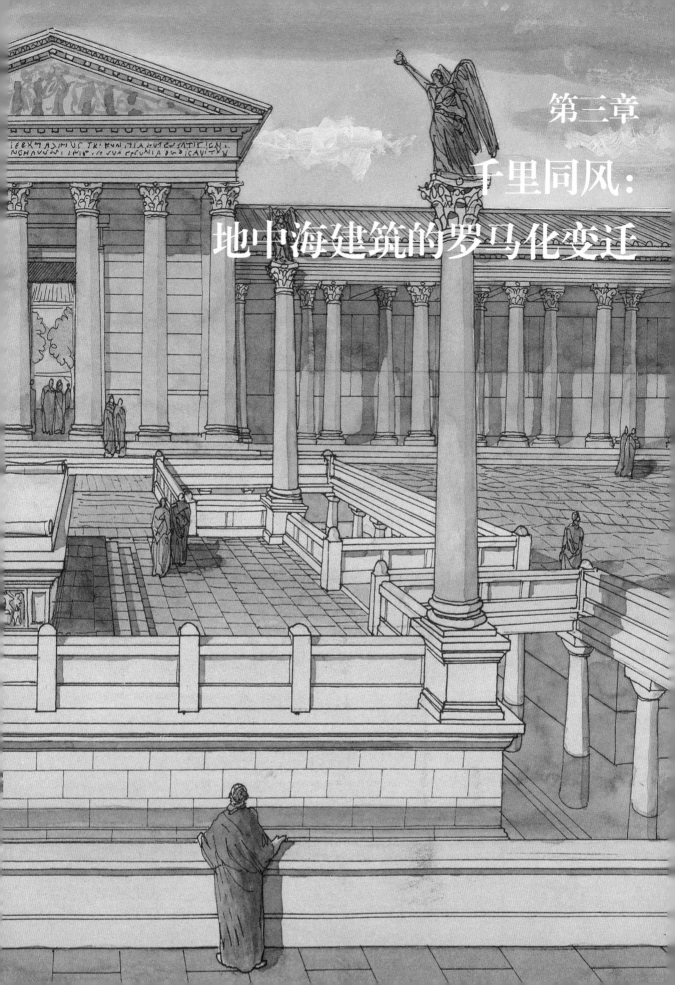

他无论经营何事，都尽力使自己的光辉超越前人。

——弗拉维奥·约瑟夫斯《犹太古史》，第 16 卷，141 节

罗马的印记

在希律王修建的公共建筑中，各类表演场所占据了重要的地位，希律王既可借以传播希腊-罗马文化，又可进一步塑造自己艺术与体育事业赞助人的形象。早在公元前 28 年，他便在耶路撒冷设立了五年一度的赛会，用以纪念屋大维赢得亚克兴之战，其中包括希腊-罗马式竞赛的传统内容，既有音乐比赛，亦有斗兽、战车赛等。在科斯岛，他也举办了这类活动。公元前 12 年，希律王凭借大力资助奥林匹克赛会，获颁赛会终身主席（agônothetês）的称号。不过，公元前 10 年为庆祝滨海城市凯撒利亚落成举办的赛事，可能才是希律王举办的最精彩的一次大会。尽管约瑟夫斯对希律王并无太多好感，但依然在书中相关章节末尾提到希律王的慷慨甚至让奥古斯都和阿格里帕都赞叹不已。

约瑟夫斯列出了希律王修建的公共建筑清单，如耶路撒冷、耶利哥、凯撒利亚、赛达、大马士革等地的剧场、王国境外的各所体育场，特别还包括各种多功能建筑，比如凯撒利亚的战车竞技场即是其中的典范。

当时，在希腊化的东方地区已有一定数量的战车竞技场和体育场，因而希律王修建此类场所可算是顺应潮流。但尚未发现该地在这一时期有其他剧场存在，所以他建造剧场可谓创新之举。事实上，各类迹象均表明公元前 28 年耶路撒冷建成的木制剧场仅系演出临时建筑，而且直到庞培和马尔凯路斯剧场动工前，罗马世界内许多剧场甚至包括罗马城剧场，都属临时搭建。不过耶利哥剧场，尤其是凯撒利亚剧场，均为罗马风格的石制建筑。值得注意的是，当时剧场一类设施的建筑工艺正经历一场革新，而犹地亚在这一方面紧跟罗马风尚。此外，凯撒利亚剧场更是一种希腊风俗和罗马新式规制的妥协产物，其中舞台墙壁、观众席或乐池等元素，或借鉴希腊，或参考罗马，两种建筑传统在这里交错互见。

运动竞技场、圆形竞技场、战车竞技场三者很难区分，不仅是因为三个词往往可以通用，更是因为这些场所内举办的赛会、竞赛、演出等活动变化多端，形式复杂。希律王在耶路撒冷修建的圆形竞技场 / 战车竞技场，和城内剧场一样，基本属于临时搭建的木制建筑，而撒马利亚的运动竞技场及耶利哥的复合建筑则不同。撒马利亚的运动竞技场仅有外部多立克式柱廊的部分残块留存至今，至于耶利哥，那座位于剧场后方的复合建筑，很像是一座附设角力场和运动竞技场的希腊式体育场。不过，希律王式多功能建筑的最佳案例依然是在凯撒利亚。约瑟夫斯称之为圆形竞技场，但本地人称之为大竞技场（grand stade）。其实，这座建筑的 U 形结构类似于战车竞技场。这座战车竞技场与王宫相邻而建，不由得让人联想到罗马马克西穆斯竞技场亦与帕拉蒂尼山比邻。待到公元 4 世纪，马克西穆斯竞技场的仿造建筑遍布了帝国各个重要城市，如安条克、米兰、塞萨洛尼基、西尔米乌姆、特里尔、君士坦丁堡等。诚然，凯撒利亚战车竞技场场内的起跑栅门均与跑道平行，说明此处采用的是希腊式直线竞技，可能引进罗马战车赛的时间相对晚近。但是，由阿格里帕及奥古斯都重建的马克西穆斯竞技场内，分隔岛、起跑栅门、宏伟的大门、观众席、主包厢（pulvinar）等元素在希律王的建筑内无一缺席。希律王的竞技场不但用于斗兽、角斗表演，也用于举办战车赛或田径比赛。

演出场馆建筑

若要了解希律王在规划城区、营修建筑方面的成就，就必须考察当年罗马城的历史背景，特别是罗马元首及其手下主导的城市建设风潮，因为希律王不但生活在同一时期，而且是这场运动的见证人。奥古斯都大举修复各所神殿，并延续庞培、恺撒的惯例修建元首广场；在战神广场，出现了以阿格里帕之名命名的建筑群；北面则有奥古斯都陵及其附属建筑正在兴建。一系列土木工程正彻底改造着罗马城的面貌。罗马元首吸收了一些希腊式大型建筑的设计经验，并以极其巧妙的方式将其融会改造，以与帝国各地情况相适应。奥古斯都时期的建筑工程创造出一种新型视觉

耶利哥战车竞技场

罗马马克西穆斯竞技场

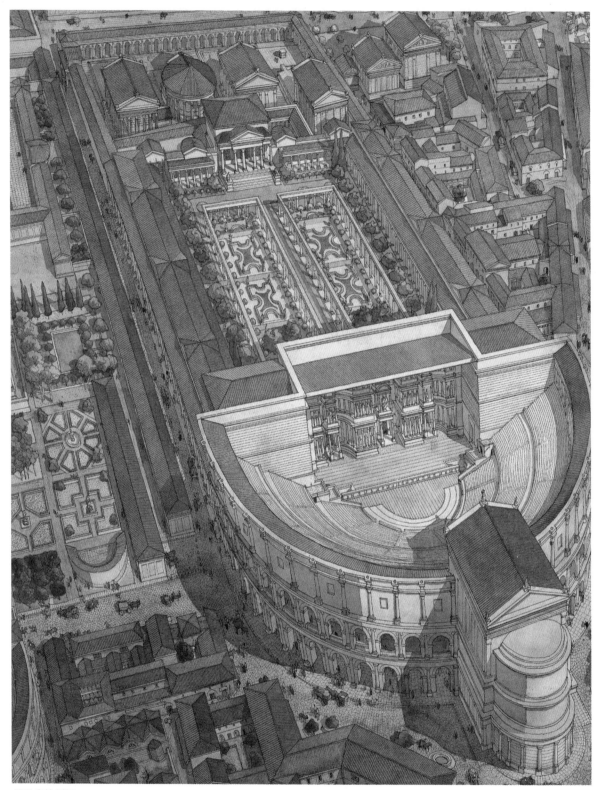

罗马庞培剧场

凯撒利亚海角宫殿全景复原图

罗马奥古斯都的宫邸附近，与帕拉蒂尼山阿波罗神殿相邻

法国尼姆方形神殿

语言：奥古斯都用宏伟的公共建筑装点罗马城，以此向世界宣告又一个黄金时代已然降临；同时这也是让帝国各处追从效仿，共同塑造皇帝的光辉形象，使一座座城市成为帝国首都的宣传画。罗马各附属国君主在拜访元老院、觐见皇帝后，想必已对这种理念心领神会。至于希律王，我们则可断言，他早在公元前40年初次造访罗马时，就已对这类建筑思想熟稔于心了。

希律王可算是建筑领域的一位创新者，因为他的设计思路既非希腊，亦非东方。此外，希律王的建筑又是共和国末期、元首制初期罗马大型重建工程的缩影。希律王曾多次造访正在大兴土木的罗马帝都，想必收获良多。正缘于此，希律王在重修或新建如撒马利亚、耶利哥、凯撒利亚等城市时，往往要在城中效仿罗马帝都，增建剧场、圆形竞技场、战车竞技场、广场（广场内设有被柱廊和巴西利卡环绕的神殿）、花园或浴池（带有水利设施及引水装置）等各类建筑。希律王本人的各所宅邸，也兼有希腊式宫殿与罗马式柱廊别墅双重特征。尽管他曾对许多哈斯蒙尼王朝的

建筑加以利用、改建、翻新，但他在位期间，王国的城市建设已与前朝截然不同，而且建筑中长期有模仿罗马、致敬罗马皇室的元素。至于耶路撒冷圣殿的重建工程，其实也可从中看出希律王效仿奥古斯都在罗马复兴宗教、兴建庙宇的意味。

希律王的圣殿工程得到帝国统治者的恩准。公元前15年，阿格里帕视察犹地亚并在住棚节期间献祭，罗马皇帝及其共治者也为圣殿提供捐助，这些事实都说明希律王的圣殿工程确有罗马的支持乃至参与。圣殿日后成为抵制罗马统治的一大阵地，说来不合情理，但这种悖论其实不难理解，因为双方之间从一开始即有明显的矛盾。圣殿好似一座王宫，只有真正的犹太王可以入主，所以圣殿无法成为罗马统治的象征。希律王曾在一段时期内使出全部政治手腕，试图让他的臣民及其他同时代人摆脱这种矛盾。

然而，后来这个问题却导致罗马人与犹太人之间的冲突更为尖锐。

由于希律王将自己无法染指的大祭司职务从国王

普莱内斯特幸运女神殿

身份中解除，造成犹地亚政教分离，而且希律王在条件允许的时候，尽量从境外犹太群体中选任大祭司，更加深了政教两界的分隔。在奥古斯都时代，这种安排为罗马人所理解。而这段时期内，罗马城中的罗马人与为数众多的犹太教徒来往频繁，因而双方相安无事的局面得以维持到奥古斯都死后几十年。

但犹太宗教背后暗藏着一种政治诉求，即渴望建立以犹太教为根基的、独立的犹太政权，圣殿则已成为这种理念的象征。对后来的罗马人及罗马皇帝而言，如此状况实难接受。

周遭环境对希律王本人、对罗马统治充满敌意，希律王必须谨慎行事，避免其创新理念与民众的宗教情绪发生冲突。他的宫殿造型多样，变化万千，其本人也曾参考许多哈斯蒙尼王朝的建筑式样，并融合希腊传统建筑风格，取法于亚历山大里亚、安条克等地宫殿，从而进一步与晚期希腊文化相适应。不过，希律王还需在文化和政治上实行罗马化，用建筑工程表明自己有向化之意，而且对罗马皇帝忠贞不贰。

但建筑的意义不止于此。罗马建筑更有改朝换代的意味，是罗马新秩序取代塞琉古王朝旧秩序的象征。庞培在罗马修建剧场前已在米蒂利尼修建过一座，加比尼乌斯曾重修多座城市，而恺撒在安条克建造的圆形竞技场更成为希律王模仿的对象，三人都想用罗马建筑在东方留下自己的印记。不过，其中尤为深入人心的是他们采用的建造技术。

希律王在修建耶利哥宫、希律堡等建筑，或重建耶路撒冷圣殿时，曾大量使用人工填土的方法改造地形，其中土台的布置也与普莱内斯特神殿颇为相似。希律堡工程中，也曾使用填方将围墙部分埋入土中，山下宫殿底部同样修有坚固的土基。另外，凯撒利亚等地的各所神殿均建在高大的基坛上，这种布置属于罗马建筑习惯，与希腊建筑有别。而神殿建筑均设在庭院中央，庭院四面有柱廊，造型与庞培剧场、恺撒广场、奥古斯都广场等处相同，万神殿旁阿格里帕修造的建筑群可能也修有同样的柱廊。

由此看来，耶路撒冷王宫的引水设施也可与阿格里帕在罗马兴修的水利工程相联系。希律王在耶路撒冷建有大型输水道一座，可将水从一座巨大方池引入王宫中，输水量可达 10000 立方米，而阿格里帕则在罗马兴建维尔戈输水道，用于补给阿格里帕人工湖（stagnum）与各个浴池。

马萨达宫沿用了东方希腊式建筑风格，但从其装饰设计来看，却很像帕拉蒂尼山上的莉薇娅宫邸（Maison de Livie），或是台伯河畔阿格里帕与茱莉亚的法尔内西纳宫（Maison de la Farnésine）。近年已有专家指出，希律王早期建筑多遵循希腊样式及从希腊样式衍生出的哈斯蒙尼王朝建筑风格，不过在他统治期间，不断大力采用罗马建筑风格，或更确切地说是罗马建筑技术，特别是在涂料方面。希律王为装饰宫殿，可能雇用了当时技艺最为精湛的意大利艺术家。耶利哥、耶路撒冷、巴尼亚斯等地宫殿中同样大量使用了方石网眼砌筑法。

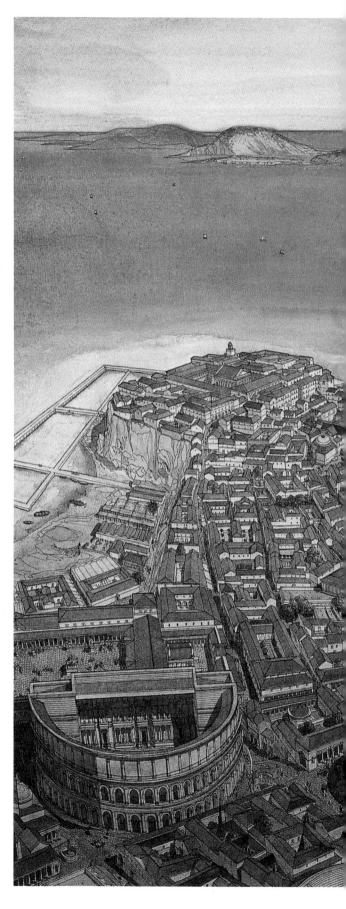

波左利门复原图，背景中为尤里乌斯港

希律王及罗马皇家崇拜

希律王获得罗马皇帝新赐予的领地后，便决定在靠近约旦河源头名为帕尼翁的地方也修建一座白色大理石神殿。那里有一座高耸入云的山峰，在山侧峭岩的空洞处下方，有一道幽暗的深渊，一座陡崖直插渊底，人力难以到达。渊内有一座宁静的深潭，潭水宽广、幽深难测。从深渊到山脚之间，则有源泉流出，据说这便是约旦河的发源处。

——弗拉维奥·约瑟夫斯《犹太战史》，第 1 卷，404—405 节

希律王随恺撒到达海边后便折返，回程途中，他下令在芝诺多罗斯的领地上一处靠近帕尼翁的地方，修建一座宏伟的白色大理石神殿，用以向恺撒致敬。此处山间有一座岩洞，环境宜人，洞底是悬崖和深渊，深渊中有一潭死水，上方山峰耸峻。约旦河正是发源于这个水潭。希律王想在此风景秀丽之地加筑一座神殿，敬献给恺撒。

——弗拉维奥·约瑟夫斯《犹太古史》，第 15 卷，364 节

巴尼亚斯

巴尼亚斯（Panias 或 Banias；旧称帕尼翁，Paneion）遗址位于加利利及以土利亚边境、希律王国之北、谢赫山山脚陡崖内，靠近约旦河三源头之一。1977—1978 年，内策尔曾对这座遗址进行勘察。塞琉古帝国统治时，曾在以土利亚大力推行希腊文化，而在公元前 2 世纪末期，哈斯蒙尼家族又在此地强制实行犹太化改革。公元前 20 年，奥古斯都结束东方之行后，将以土利亚地区交给希律王管辖。为表感谢，希律王在此修建了奥古斯都神殿，并制定祭拜礼仪。希律王共修建过 3 所供奉罗马皇帝的神殿，另外两座分别位于滨海城市凯撒利亚及撒马利亚（塞巴斯蒂亚）。公元前 2 年，希律王几位继承人中的分封王腓力，在这座奥古斯都神殿旁修建了一座城市，命名曰凯撒利亚腓立比，并定都于此。福音书提到凯撒利亚腓立比为耶稣布道地之一，约瑟夫斯也对该地有所记述。

对这座奥古斯都神殿的具体位置何在，学界一直未有定论。在神殿附近有一座潘神石窟，可能自希腊化时期起便用于供奉潘神，此处地名帕尼翁一词便由此而来。在距岩洞 100 多米处，内策尔发现一些遗迹，但由于保存状况太差，无法确认遗迹是否属于奥古斯都神殿。

尼姆方形神殿复原图。神殿是为奥古斯都的两位外孙盖乌斯及卢修斯·恺撒所建

巴尼亚斯奥古斯都神殿复原图

巴尼亚斯奥古斯都神殿复原图

　　复原图（参考文献：内策尔，2009 年，220 页，图 49）中神殿的神室部分距潘神石窟约百米，保存状况不佳。石窟一侧的内壁上凿有多个壁龛，用于祭祀潘神。神殿墙壁采用方石网眼砌筑法，底部建有台基。神室依山而建，而且部分是在山石中雕凿而成。据推测，我们在神殿前端绘制了一座三面设柱廊的庭院，这也与弗拉维奥·约瑟夫斯的记载相符。通过一条下设拱孔的阶梯可以进入神室。整座神殿布局得当，与自然环境浑然一体，展现出希律王所聘用建筑师的高超才华。

　　1998—1999 年，考古学家曾在谢赫山和巴尼亚斯西南几千米外的奥姆里特（Omrit）开展发掘工作，发现一处规模更大的建筑遗迹。该建筑原为一座神殿，尺寸 20 米 × 14 米，初期工程约在公元前 20 年，亦即约瑟夫斯记载中奥古斯都神殿动工之时。这座神殿的扶壁采用方石网眼砌筑法，符合希律王建筑的典型特征。另外，学者在复原分析后，发现神殿的正立面与此前在一枚古钱币上刻画的神殿造型相同。这枚钱币为分封王腓力所铸，其上所刻神殿亦是为供奉罗马皇帝而建，采用了前柱式（prostyle）及四柱式（tétrastyle）设计，石柱属科林斯柱式。神殿下方有基坛，与伊斯特里亚半岛普拉城（cité de Pola）中同期建造的神殿基坛相同。这些迹象表明，早期帝国神殿似乎具有共同范式，而这种范式之所以得到推广，可能正是缘于那 3 座由希律王兴修的神殿。

自成一格的希律王建筑

另外，希律王之所以修造这些建筑，是否只是急功近利，仅为取悦罗马朝廷而已？各类史料表明，希律王与罗马之间一直保持沟通，并且希律王并不甘于对罗马亦步亦趋。从这个角度看，希律王拜见阿格里帕并非为了听取指示，阿格里帕参观希律王的建筑也并非为了视察工作。我们还可以推测，从公元前22年起，奥古斯都及阿格里帕从罗马派出建筑师及工匠，去协助希律王修建凯撒利亚，该城不但将与埃及的亚历山大里亚一争高下，还会让犹太王国进一步向东地中海一带开放国门。虽说新港选址纯为政治目的，但由于建设期间使用了许多创新技术，所以工程可谓独树一帜。凯撒利亚的港口修有伸向海中的人工码头，而且使用那不勒斯湾凝灰岩、塞浦路斯木材等建筑材料，鉴于这些特征，新港可能与波左利港颇为类似。其中，凝灰岩材料可能由前往意大利的补给船在返程时顺路运回。凯撒利亚的工程监理可能由阿格里帕派遣，前来为希律王服务。先前阿格里帕在建造波左利港时，曾选用一种火山灰（pulvis puteolanus）材料，可作海下部分的水泥。因此，对组织运输这类物质及凝灰岩，阿格里帕是最好的人选。为了完成梦寐以求的凯撒利亚工程，希律王需要聘用罗马专家，因为在他身边，可能无人具有建造海港的资质。阿格里帕曾多次兴办大型工程，他主持的工程近至尤利乌斯港、卢克林湖畔、艾佛纳斯湖畔，远至高卢、西班牙各地，尤其还曾在罗马战神广场修造建筑。参与这些项目的工程队，或者说建筑师、工程师，此时正可以前去为希律王效力。

在装饰方面，希律王在耶利哥宫北部、马萨达宫殿等处使用的彩绘灰泥装饰，属于庞贝第二风格晚期，公元前1世纪20年代末，阿格里帕及新婚妻子茱莉亚居住于罗马法尔内西纳别墅，而这座建筑也采用了相同的装饰风格。犹地亚在这一方面紧跟意大利潮流及当时的最新风尚，在希律王的所有建筑工程中，或多或少都受到罗马风格的渐染。此外，希律王还从意大利半岛引进新的建筑技术，比如方石网眼砌筑法、罗马混凝土（opus caementicium）等，并在凯撒利亚工程中大加运用。根据各种迹象判断，无论在水利设施、墙壁装饰还是方石网眼砌筑法等方面，希律王都将罗马当时最新的建筑工艺及装饰设计运用到他最重要的工程中。

一方面，犹太王国当地工匠可能由于经验不足，只能局限于进行大型砌筑工程，所以一些罗马建筑师、艺术家、工匠曾应希律王之请，前往犹地亚指导工程项目。但另一方面，希律王也曾派遣本国建筑师及工程师供罗马差遣。这里值得思考的问题是，当时帝国各地是否曾出现一波各具地方特色的建筑改造风潮？而希律王的城市及建筑工程，是否正是这次风潮的一个具体表现？

由此来看，希律王并不仅仅是罗马政策的执行者，同时也积极参与到新秩序的塑造中。各类建筑虽然说明希律王在文化上适应力强、对罗马忠贞不贰，但这些工程并未湮没希律王的独创精神。尽管罗马的影响显而易见，但希律王绝非一味追求罗马化。希律王之所以效仿罗马，他的意图主要是学习先进建筑经验，从中汲取他认为美观、有用之处，而非只是为了讨好罗马朝廷。希律王的确是罗马的藩属王，但他同时也是一国之主，有权自由决定将每座建筑献给哪位亲人或好友。

我们对希律王及阿格里帕的建筑师、顾问知之甚少。希律王由于接受过折中式教育，加上乐于求知，因此技术知识渊博，并具有丰富的想象力，善于创新。不可否认，希律王与后世的罗马皇帝哈德良一样，在建筑工程中往往亲自规划、自主决策，与哈德良的不同之处在于，对希律王宫廷中曾指导、参与工程的建筑师，我们并无任何资料。各种迹象表明，希律王本人便是自己工程的总监、总设计师。他可能并未事事躬亲，但不论在建筑地形、地点、所用材料上，还是在设计规划及建筑的布局与安排等各方面，希律王全部亲力亲为。他源源不断的创造力体现在灵活多变的建筑设计中，尽管希律王常常取法自罗马城及帝国其他地方的风格，但他修造的各类建筑设施主要还是其想象力及创造力的结晶。希律王还引进新型建筑形式，例子不胜枚举。比如希律王曾在耶利哥主持修建石制圆形竞技场，而当时连罗马城中都尚无这类建筑，至少还未曾用永久性材料砌筑过剧场，所以说耶利哥剧场是个颇为典型的例证。耶利哥三号宫位于一块面积三公顷的场地中，其设计可能参考了坎帕尼亚的许多大型建筑。三号宫建筑群南侧一座人工堆砌的山丘之

［下页］
波左利海湾景色

上，矗立着一处圆形大厅，可通过石阶上下。如此布局，可能让人联想到意大利建筑中某些大胆的创意，但总体设计依然新颖独特、别出心裁。尽管如前文所说，阿格里帕曾派遣意大利建筑师及工匠前来，参与建设这座宫殿，而且宫殿中两座大厅以奥古斯都、阿格里帕命名应当也并非偶然，但整体建筑群的设计无疑带有希律王的印记。最后，希律王还曾修造兼具竞技、表演双重职能的建筑。在这些既是圆形竞技场又是战车竞技场的设施中，人们或举办希腊风格的音乐会、体育赛事，或举办风靡罗马的角斗、斗兽表演及战车赛，实为前所未有之创举。希律王戛然独造的风格，从中可见一斑。

波左利海港结构复原图

王驾左右

　　希律王与希腊君主一样，总有一批宫廷近臣随侍左右。由于希律王朝廷内，臣僚及近臣的头衔和等级效仿希腊制度设立，因此宫中某些职位的情况得以为人所熟知，至于近臣人数的规模，目前仍然难以确定。在希律王的宫廷中，人们用希腊语交谈，官方文书用希腊文书写，钱币上也用希腊文铸刻铭文。

　　史籍中，对希律王近臣群体的记载十分模糊，据推断，其情况应与罗马宫廷类似，当时在罗马宫廷中，也形成以波利奥、梅萨拉、阿格里帕、梅塞纳斯等人为核心的近臣群体。可能早在公元前 40 年，希律王就凭借梅萨拉的引见，得以在罗马与这一群体中的部分文人学士相识，如安东尼的亲信、著名史学家及哲学家亚历山大里亚的提马根涅斯，再如贺拉斯及提布鲁斯两位诗人，又如阿马西亚的斯特拉波，可能还有大马士革的尼库拉乌斯。

　　部分曾在亚历山大里亚随侍克里奥帕特拉的学者，后来受希律王之请，转投他的门下。如亲眼见证克里奥帕特拉自杀的物理学家奥林波司、史学家菲洛斯特拉托斯及托勒密等。此外，希律王身边还有一些亲随，这些人由于参与过宫廷阴谋而名载史册，尤其可在弗拉维奥·约瑟夫斯的记载中查阅到，他们大多使用希腊文名字。

　　除去这些文人外，希律王的亲随中还包括雕塑家、画家、马赛克镶嵌画家等，他们的名字现已无从考证，但其中大多来自亚历山大里亚及其他希腊东方世界的城市，如大马士革、科斯岛、斯巴达等地。克里奥帕特拉死后，希律王想让这些希腊随从聚在自己身边，重新形成一处文化高地，从而可以如同历代伟大的希腊化君主一样，成为艺术家和学者的保护人。

凯撒利亚港口结构复原图

与希律王同时代的君主

希律王兴办建筑工程，实施大兴土木政策，在这背后，其实有一个更为宏大的文化背景，亦即奥古斯都的文化扩张计划。奥古斯都的计划并不囿于罗马及意大利，而是遍及罗马征服的所有地区。早在公元前2世纪，罗马军团大举开疆拓土之时，便有许多意大利罗马人尾随其后，定居外邦，为此后罗马的文化扩张奠定了根基。之后，恺撒及奥古斯都先后执政，大举革新。他们的变革不仅涉及政治，在各个文化领域，两人开始择任专人推行各类文化政策，为政权服务。罗马的文化扩张从此愈发强势。奥古斯都提出过一系列大政方针，往往为一些政治嗅觉敏锐又有实力贯彻这类政策的人提供了良机，希律王即在其列。希律王是一位与罗马结盟的希腊化君主，在犹地亚推行罗马化改革并非其分内之事。他使用罗马建筑的技术和方法，是因其高效便利，而且最符合时代潮流。尽管希律王在政治上完全依附罗马，但他也自成一派独特的文化力量。而且当时东方世界的罗马化也与西方世界的罗马化不同，因为东方世界在罗马化的过程中，更加注重继承希腊文化尤其是亚历山大里亚的传统，在这番变迁中，希律王起到了关键作用。

应当指出，奥古斯都时期的变革并不限于罗马及意大利，而是涉及整个地中海世界及帝国全境，甚至包括最遥远的边境地区，并牵涉从政治到宗教、从行政到文化的所有领域。这场变革虽由奥古斯都本人发起、推行，但他无法操控一切，在边境推行罗马化的事务只能委托当地首领执行。各个地方首领一面传播帝国中央的信息，一面也将个人的创意融入其间。希律王可能是其中最出色的一位，何况他还深受罗马朝廷的信赖，享有更大的自主权。话虽如此，希律王也并非其中的孤例。

"罗马人的盟友国王"（reges socii et amici populi romani）体系，亦通称"藩属国"体系，成立于庞培时期，巩固于安东尼时期，加强于奥古斯都任元首时期。奥古斯都掌权不久，便发现藩属国体系有诸多好处，因此对前人旧制未加改动。此外，本都国王波列蒙、色雷斯国王及科马基尼王国的奥龙特王朝君主等，

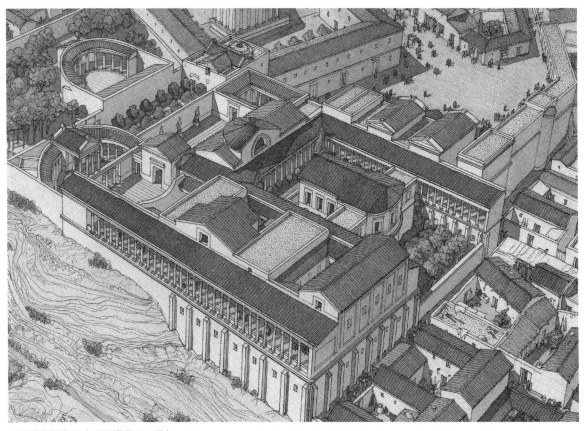

利克苏斯城宫殿（毛里塔尼亚王国）

奥古斯都与藩属国体系

> 除少数情况外，奥古斯都通常将征服之地归还其所有人，或赠予外邦人。他采取联姻的方式，加强藩属国之间的联系，并常把自己塑造成各国联盟、友谊的保护人及协调人。他对各位君主关怀有加，将他们视作帝国成员。他还时常派遣师傅，为各个藩邦王室教育子嗣，直至成年，并照料王室中的精神失常者，直到患者痊愈。许多藩属王的子嗣均与奥古斯都本人子女一起，由奥古斯都抚育。
>
> ——苏维托尼乌斯，《罗马十二帝王传》之"神圣的奥古斯都传"，48节，E.内策尔译

> 这些盟友国王纷纷在各自王国内建造新城，并名之曰凯撒利亚。当时，雅典奥林匹亚朱庇特神殿修建工程因故中止，各君主于是一致决定，共同出资完成神殿工程，并在竣工后，将神殿献给奥古斯都的守护神。各藩属王经常离开本邦，赴罗马或奥古斯都驻跸之地，每日随侍元首左右，在此期间，他们并不穿戴国王服饰，而仅着托加长袍，如同普通客人一般。
>
> ——苏维托尼乌斯，《罗马十二帝王传》之"神圣的奥古斯都传"，60节，E.内策尔译

虽并不位列藩属王，但地位相似。在诸位从属罗马的君主中，有两位与希律王颇为相像，即卡帕多细亚国王阿基劳斯和毛里塔尼亚国王尤巴二世。他们均生于各自王国之外，均是被罗马扶上王位，也均不太受臣民爱戴。两人和希律王一样，都与罗马关系密切，可能也因此得以享受部分贡赋优待。阿基劳斯与尤巴俱为罗马公民，他们的子女都在罗马长大。二人是增强罗马军事力量的功臣，作为回报，他们也获赐额外领土。两人往往在罗马的政治及军事行动中起到决定作用，例如被安东尼扶上王位的阿基劳斯，曾采用外交手段助罗马收回克拉苏丢失的军旗，并在罗马与帕提亚的关系中贡献良多。

此外，在罗马的主持下，各藩邦君主相互联姻，缔结家庭纽带。公元前18或17年，卡帕多细亚国王阿基劳斯之女格拉菲拉，与大希律王及米利暗之子亚历山大结为连理，此后，阿基劳斯曾多次介入希律王的内廷事务，协助调和家庭纠纷。亚历山大被处决后，格拉菲拉重择夫婿，嫁与毛里塔尼亚之王尤巴二世，之后在第三段婚姻中，又嫁给大希律王的主要继承人亚基老。卡帕多细亚王室的其他成员曾与科马基尼王室联姻，同时，希律王的子女、孙辈，多与本都王室、纳巴泰王室或其他东方王国王室缔结姻亲。罗马则积极组织这类联姻关系，充当介绍人，并得以利用这种关系网，用极低的成本管理东方地区。

各藩属王的建筑工程虽各自独立，但其中颇有相似之处。最明显的例证是他们均新建或重建过向罗马朝廷致敬的城市，如散布各个王国的"凯撒利亚"。

毛里塔尼亚有约尔凯撒里亚，希律王有滨海城市凯撒利亚，卡帕多细亚有塞巴斯蒂亚埃莱乌撒，这些大都会均地处海港，竣工不久，即纷纷增建供奉罗马皇帝的神殿。而在阿格里帕远征博斯普鲁斯王国时，将波列蒙扶上本都王位，随后王国的两座城市潘提卡彭、法纳戈里亚分别更名为凯撒利亚、阿格里帕亚。

罗马的影响遍及各个领域，如公共建筑及宗教建筑的布局、土木工程技术、方石网眼砌筑法、新型水利工程等。由此可以推测，罗马的建筑师、工程师、技术工匠一度频繁往返于各个藩属国之间，为当地工程出谋划策。不过，这些并不属于纯粹意义上的罗马化，而且东方地区并不需要罗马化。罗马的帝国主义扩张主要体现于军事及政治方面，至少在东方，并无扩张罗马文化的企图。其实在奥古斯都时代的罗马帝国东部，传播希腊文化才是文化革新运动的主题，这种变化尤其表现在建筑领域。各藩邦君主在王国内外均秉持传统希腊式国王的作风，他们修建新城，兴办公益事业，保护各地住民，构成一种罗马治下的"共同话语体系"（koiné），而希律王则是其中的杰出代表。当然，之所以说希律王杰出，可能也是由于弗拉维奥·约瑟夫斯记载翔实，所以我们对希律王更为了解。

此处所谈的文化，既延续传统，又不乏创新。这种文化革新超越国界，多元并存，可称之为折中式罗马化，或包容式罗马化。其中包含罗马的传统文化，而罗马传统本身，便已有希腊及希腊化元素融汇其中，自奥古斯都建立元首制后，希腊文化更是空前繁荣。

这场文化传播其实是一次双向运动，并非只由罗马当权者单方面主导，同时也依赖移居各地的意大利罗马族群、地方精英自下而上地加以推行，其中，各藩国君主的作用至关重要。在希律王的建筑设计中，多种风格交织并存，他还将自己的审美、才华融入其中，可以说希律王本人正是这种多元文化的象征。另外，他似乎从未将这种多元文化强加给犹太臣民，由此，也可窥见他的统治智慧及政治技巧。

希律王的建筑工程不应被理解或解读为对罗马的臣服。当然，若无罗马当权者的首肯，希律王必然无法完成所有工程。建筑毕竟具有宣扬权威的作用，而

奥古斯都及罗马政权自然希望能对这类工程加以主导。话虽如此，相关的督导措施主要施行于罗马城及意大利，而在各行省，特别是在希腊文化已占主导地位的东方世界，罗马朝廷还是给当地精英阶层留有较大自主权，允许地方灵活处理朝廷的指令。确切地说，奥古斯都的文化革新运动其实颇有希腊化的成分。希律王的各类工程不但借鉴于希腊建筑，也与其他多种风格相结合，并采用当时一流的建造技术。在奥古斯都时代的文化革新运动中，希律王的建筑占有重要地位，而且在那个时代，可能再没有哪一个国家的建筑能如此标新立异，如此美轮美奂。

毛里塔尼亚王陵（俗称"基督教妇人墓"）

结语

明君大卫王与暴君希律王

基督教传统将大卫王、希律王两人塑造成一正一邪、截然对立的人物，其实两位国王有许多共同之处。比如两人称王时的政治背景十分相似；再如两人都曾尝试利用联姻与敌对的家族（扫罗／哈斯蒙尼）融合，最终却都以将对方排挤或消灭而告终；又如两人家庭内部都矛盾重重，而且与子嗣的关系尤为紧张。

希律王想必不会放过这个自我美化的良机，因为他对自己在犹太臣民及后人心目中的形象十分在意。他可能曾向御用文人大马士革的尼库拉乌斯提议，对有关自己生平与统治的记载稍作改动，使之与大卫王的经历与功绩相附会。为此，尼库拉乌斯应该可以参考《撒母耳记》的内容。

但至少在后人眼中，这位御用文人未能成功将希律王塑造成大卫王再世。说来也怪，从中作梗者并非犹太人，真正导致希律王名声扫地、遗臭万年之人，其实是基督徒。希律王最大一桩恶行是屠杀婴孩，但这段情节显然取材于《出埃及记》中法老的行径，至于马太，则根据对希律王的传闻，将屠杀婴孩一事添加到《马太福音》之中。对新兴的基督教教义而言，自大卫王以来万众企盼的弥赛亚绝不能是希律王，而必须是耶稣。

弗拉维奥·约瑟夫斯的著作之所以流传百世，亦是仰赖基督教之功。虽说约瑟夫斯参考了尼库拉乌斯的记载，但每当他述及希律王时，总是大加贬损。这位犹太史学家是最后一位早期基督教历史的见证人，他的著作证明施洗者约翰、耶稣之弟雅各等人物并非虚构，而且似乎也能证明耶稣确有其人。对新近皈依的基督徒而言，约瑟夫斯的著作想必读来远比异教徒的记载更为顺耳。

本书是对希律王时代的一番回顾，而并非为给这位历史人物翻案正名。笔者主要想向读者展现这位国君不为人知的一面，毕竟希律王在遭到历史丑化的同时，却又被同时代人及罗马支持者视为一代英主。他之所以有英主之名，不仅是因为他的雄图大略，更是因为他拥有卓越的政治才华，而且懂得顺应时势，善于接纳新生事物。由此看来，在如今常说的"奥古斯都时代"中，希律王无疑是最引人注目、最具时代特征的一位人物。

希律王像
法国阿尔勒圣托菲姆教堂
（克莱利亚·皮若 摄）

［下页］
大卫王
法国加尔省圣马丹—德克罗市
（克莱利亚·皮若 摄）

《对无辜者的屠杀》

尼古拉·普桑绘，约 1625—1626 年

法国尚蒂依孔代美术博物馆藏

（© akg-images / André Held）

参考书目

学界关注的主题包括：希律王本人经历如何；希律王国在历史中占据何种地位；统治全盛期在何时；希律王曾牵涉到哪些政治事务等。相关著述十分丰富。

延伸阅读

笔者首先声明，本书内容大量借鉴以色列知名考古学家埃胡德·内策尔（Ehud Netzer）的研究成果。2010 年，内策尔在希律堡考古挖掘工作期间，因意外事故不幸去世。内策尔的著作《大建筑师希律王的建筑研究》（*The Architecture of Herod, the great builder*）译成英文后，于 2006 年在图宾根出版，假如没有这部著作，我们对各类建筑设施的复原工作绝对无从谈起。虽然内策尔对某些遗迹的解读及鉴定已遭到质疑，但他的著作及考古成果仍在学界占据核心地位。笔者也想通过此书向内策尔致敬。

采用相同思路研究希律王各类建筑工程的其他著作，还有《大希律王的建筑计划》（*The building program of Herod the Great*），D. W. 罗勒（D.W. Roller）著，1998 年出版于伯克利，以及《大希律的建筑政策》（*Die Baupolitik Herodes des Grossen*），A. 利希滕贝格尔（A. Lichtenberger）著，1999 年出版于德国威斯巴登。

近十多年来，学界曾举办多次有关大希律王本人及其建筑工程的研讨会，并出版两部相关著作。这两部作品内容丰富，极具学术价值，为本书的写作提供了大量信息：

D.-M. 雅各布森（D.-M. Jacobson）、N. 克科基诺斯（N. Kokkinos，主编）：《希律王及奥古斯都》（*Herod and Augustus*），国际研讨会，伦敦：2005 年。

N. 克科基诺斯（主编）：《希律家族的世界（卷 1）》（*The world of the Herods, vol. I.*），国际研讨会，伦敦：2001，德国斯图加特：2007 年。

希律王的传记作品较多，此处仅列举最为重要、学者最常引用的几部：

P. 理查德森（P. Richardson）：《希律王：犹太之王，罗马之友》（*Herod, King of the Jews and Friend of the Romans*），爱丁堡：1996 年。

A. 沙利（A. Schalit）：《希律王：生平及成就》（*König Herodes. Der Man und sein Werk*），柏林：2001 年（再版）。

关于希律王的法文书籍较为罕见，但仍有几部新近出版的著作值得关注，如 Chr.-G. 施文泽尔（Chr.-G. Schwentzel）的《大希律王》（*Hérode le Grand*），2011 年于巴黎出版，G. 拉贝（G. Labbé）的《罗马权威在犹地亚的确立》（*L'affirmation de la puissance romaine en Judée*），2012 年在巴黎由美文出版社（Les Belles Lettres）出版。但最经典的著作仍是 M. 萨特（M. Sartre）的《从亚历山大到芝诺比娅：公元前 4 世纪到公元 3 世纪黎凡特古史》（*D'Alexandre à Zénobie, Histoire du Levant antique, IVe siècle av. J.-C.-IIIe siècle apr. J.-C.*），2001 年于巴黎出版。

文学类文献方面，如要了解大马士革的尼库拉乌斯，可参阅艾迪特·帕门蒂埃（Édith Parmentier）及弗朗切斯卡·普罗米特亚·巴罗内（Francesca Prometea Barone）的著作，2011 年由巴黎美文出版社出版。另外，弗拉维奥·约瑟夫斯（Flavius Josèphe）的少部分记载出版于法兰西大学丛书（Collection des Universités de France）中，即《犹太战史》（*La Guerre des Juifs*）及《犹太古史》（*Les Antiquités Judaïques*）两书。本书所引段落摘自 S. 莱纳赫（S. Reinach）译作，电子版文档由 F. D. 富尼埃（F. D. Fournier）扫描编排。

注释

1. 马加比前后书收录于天主教和东正教圣经中，新教将其看作次经，并未将其收录于圣经。——编者注
2. Antipas，又名 Antipater，故又称安提帕特一世。——编者注
3. 英白拉多，又译大元帅，罗马共和国时期为元老院授权的最高军事统帅，具有一定独裁性，帝国时期成为帝国皇帝名衔之一。因此，该词后成为欧洲众多语言中"皇帝"一词的词根。——编者注
4. 即阿格里帕。——译者注
5. stade，希腊-罗马时期长度单位，1 斯达地约合 185 米。——译者注
6. 即死海。——译者注
7. 塞巴斯蒂亚为"奥古斯都"的希腊文译法。——译者注
8. 即锡安山、圣殿山。——编者注
9. 从修建顺序和次数看，该圣殿确为"第三圣殿"，但在历史上它依旧属于"第二圣殿"，并未获得承认。——编者注
10. brasse，1 寻约合 1.8 米。——译者注
11. 罗马尺，1 尺约合 29.6 厘米。——编者注

图书在版编目（CIP）数据

鸟瞰古文明：大希律王治下犹太王国建筑 /（法）
让－米歇尔·罗达兹著；（法）让－克劳德·戈尔万绘；
郭晔，张弓译 .-- 北京：光明日报出版社，2022.9（2024.10 重印）
ISBN 978-7-5194-6728-9

Ⅰ.①鸟… Ⅱ.①让… ②让… ③郭… ④张… Ⅲ.
①犹太王国—古建筑—建筑艺术 Ⅳ.① TU-093.82

中国版本图书馆 CIP 数据核字 (2022) 第 140425 号

Hérode le roi architecte by Jean-Claude Golvin & Jean-Michel Roddaz
© Actes Sud - Errance, France 2014
Current Chinese translation rights arranged through Divas International, Paris 巴黎迪法国际
（www.divas-books.com）

版权登记号：01-2022-1745

鸟瞰古文明：大希律王治下犹太王国建筑
NIAOKAN GUWENMING：DAXILÜWANG ZHIXIA YOUTAIWANGGUO JIANZHU

著　　绘：[法] 让－米歇尔·罗达兹　著　　　　译　者：郭　晔　张　弓
　　　　　[法] 让－克劳德·戈尔万　绘

责任编辑：舒　心　曲建文　　　　　　　　　策　　划：郝明慧
封面设计：张　萌　　　　　　　　　　　　　责任校对：傅泉泽
责任印制：曹　净

出版发行：光明日报出版社
地　　址：北京市西城区永安路106号，100050
电　　话：010-63169890（咨询），010-63131930（邮购）
传　　真：010-63131930
网　　址：http://book.gmw.cn
E-mail：gmrbcbs@gmw.cn
法律顾问：北京市兰台律师事务所龚柳方律师

印　　刷：天津裕同印刷有限公司
装　　订：天津裕同印刷有限公司
本书如有破损、缺页、装订错误，请与本社联系调换，电话：010-63131930

开　　本：190mm×260mm
字　　数：158千字　　　　　　　　　　　　印　　张：10.5
版　　次：2022年9月第1版　　　　　　　　印　　次：2024年10月第3次印刷
书　　号：ISBN 978-7-5194-6728-9

定　　价：128.00元